essentials

Essentials liefern aktuelles Wissen in konzentrierter Form. Die Essenz dessen, worauf es als „State-of-the-Art" in der gegenwärtigen Fachdiskussion oder in der Praxis ankommt. Essentials informieren schnell, unkompliziert und verständlich.

- als Einführung in ein aktuelles Thema aus Ihrem Fachgebiet
- als Einstieg in ein für Sie noch unbekanntes Themenfeld
- als Einblick, um zum Thema mitreden zu können.

Die Bücher in elektronischer und gedruckter Form bringen das Expertenwissen von Springer-Fachautoren kompakt zur Darstellung. Sie sind besonders für die Nutzung als eBook auf Tablet-PCs, eBook-Reader und Smartphones geeignet.

Essentials: Wissensbausteine aus den Wirtschafts, Sozial- und Geisteswissenschaften, aus Technik und Naturwissenschaften sowie aus Medizin, Psychologie und Gesundheitsberufen. Von renommierten Autoren aller Springer-Verlagsmarken.

Weitere Bände in dieser Reihe
http://www.springer.com/series/13088

Reiner Thiele

Test eines Faraday-Effekt-Stromsensors

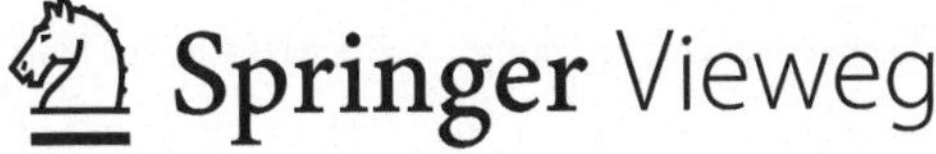

Prof. Dr. Reiner Thiele
Zittau
Deutschland

Unter Mitwirkung von
Max Eisenbeiß
Dipl.-Ing (FH) Andreas Israel
Dipl.-Ing. (FH) Andreas Pohl
Dipl.-Ing. Christian Winkler

ISSN 2197-6708 ISSN 2197-6716 (electronic)
essentials
ISBN 978-3-658-10095-7 ISBN 978-3-658-10096-4 (eBook)
DOI 10.1007/978-3-658-10096-4

Die Deutsche Nationalbibliothek verzeichnet diese Publikation in der Deutschen Nationalbibliografie; detaillierte bibliografische Daten sind im Internet über http://dnb.d-nb.de abrufbar.

Springer Vieweg

Gedruckt auf säurefreiem und chlorfrei gebleichtem Papier

Springer Fachmedien Wiesbaden ist Teil der Fachverlagsgruppe Springer Science+Business Media (www.springer.com)

Was Sie in diesem Essential finden können

- Funktionstest eines reflektierenden Faraday-Effekt-Stromsensors
- Messtechnische Grundlagen zur Polarisation
- Messtechnische Ergebnisse zu den Polarisations-Eigenschaften des Sensors
- Möglichkeiten zur Elimination der Doppelbrechung von optischen Kopplern

Vorwort

Auf der Grundlage der Ergebnisse zum Forschungsthema „Faseroptischer Stromsensor – neue Generation“ wurde ein reflektierender Faraday-Effekt-Stromsensor dimensioniert und aufgebaut.

Sie finden hier die Zusammenfassung der messtechnischen Ergebnisse zu diesem Ausführungsbeispiel, das zwei zugehörige homogene Riccati-Differentialgleichungen zur Beschreibung der Funktion des Sensors erfüllt.

Der Autor sucht potenzielle Nutzer für diese Applikation.

Inhaltsverzeichnis

Einleitung 1

Ausgehend vom Aufbau eines Stromsensors zur potenzialgetrennten Messung elektrischer Ströme mit dem Faraday-Effekt in Lichtwellenleitern nach Abb. 1.1, wird nach der Darstellung der polarisationsoptischen Grundlagen über zugehörige Testergebnisse berichtet.

Die Testergebnisse erlauben die Erkennung von Schwachstellen im Sensor und führen auf Möglichkeiten zu deren Kompensation.

Dabei spielen die Stokes-Parameter, Polarisationsellipsen, Polarisations-Einheits-vektoren und Polarisationsvariablen an verschiedenen Schaltungspunkten des Sensors eine fundamentale Rolle.

Die zugehörige Signalverarbeitungseinheit zeigt Abb. 1.2 und die entsprechenden Dimensionierungsbeispiele für die elektronischen Komponenten befinden sich im Essential, das an letzter Stelle der weiterführenden Literatur aufgeführt ist.

Es gelten die folgenden fünf Kernaussagen, die den Praxisnutzen deutlich machen:

- Messung hoher elektrischer Ströme ohne Eingriff in den Messgrößenkreis,
- Messung von Strömen beliebigen zeitlichen Verlaufes, insbesondere von Gleich- und Wechselströmen,
- Potenzialgetrennte Messung der Ströme durch die Applikation von Lichtwellenleitern,
- Linearer Zusammenhang zwischen Messgröße und Messwert,
- Messung des Anteils vieler Unter- und Oberschwingungen im Stromverlauf gegenüber 50 Hz.

R. Thiele, *Test eines Faraday-Effekt-Stromsensors,* essentials,
DOI 10.1007/978-3-658-10096-4_1

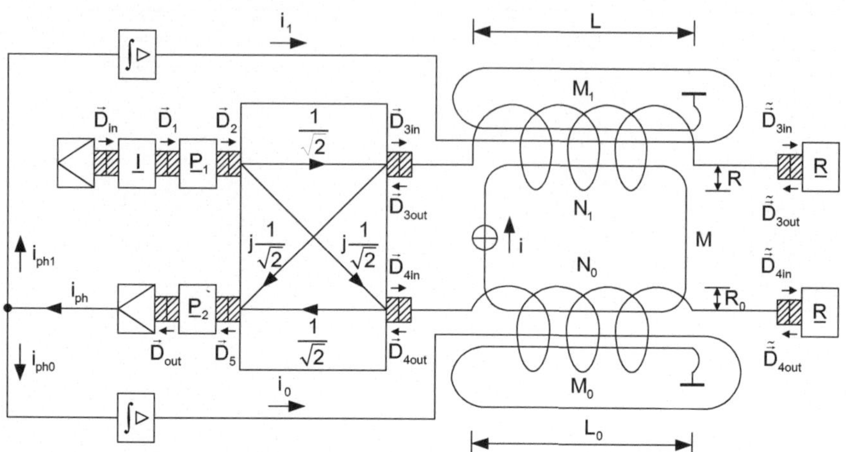

Abb. 1.1 Reflektierender Faraday-Effekt-Stromsensor als Gesamtdarstellung

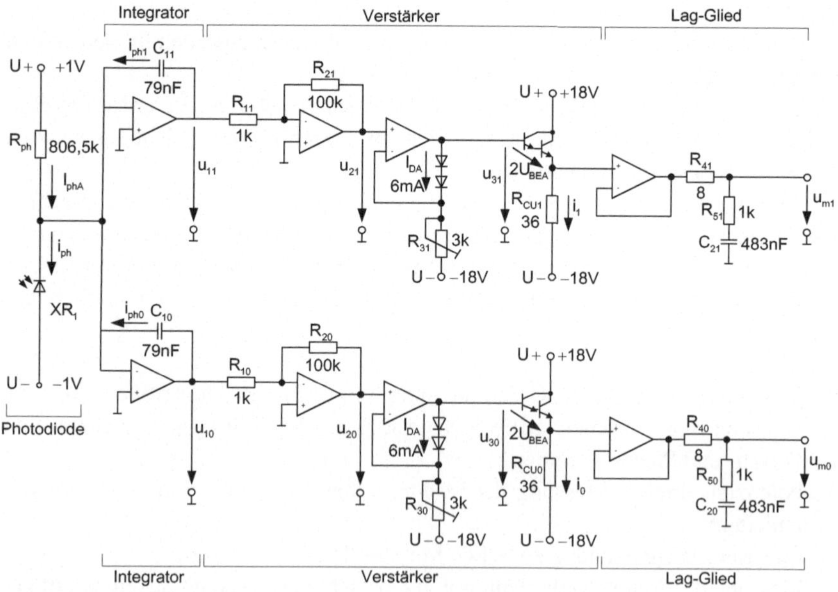

Abb. 1.2 Integrierende Stromverstärker zur Signalverarbeitung

Diese fünf Kernaussagen wurden zu Beginn als persönliche Aufgabe für den Autor formuliert. Die Erfahrungen des Autors beschränkten sich damals auf die Kenntnis der Funktion optischer und elektronischer Bauelemente.

Im Anschluss daran wurde der lineare Zusammenhang zwischen Messgröße und Messwert mathematisch dargestellt.

Im Zusammenwirken mit der ersten Idee, der Kreation eines „optischen“ Transformators einerseits und der zweiten Idee, der Verwendung von partiell „optischen“ Regelkreisen andererseits, wurde die zielführende Zusammenschaltung der optischen und elektronischen Komponenten zum Stromsensor vorgenommen.

Anschließend erfolgte der polarisationsoptische Funktionstest und daraus schlussfolgernd die Entwicklung weiterer Ideen zur Verbesserung der praktischen Eigenschaften des Sensors.

Messtechnische Grundlagen 2

In diesem Kapitel erlernen Sie, wie die Polarisations-Eigenschaften eines faseroptischen Stromsensors durch die sogenannten Stokes-Parameter, die Polarisations-Einheitsvektoren oder die Polarisationsvariablen charakterisiert werden können. Außerdem ist hier das Messprinzip für die Signalverarbeitungseinheit dargestellt.

2.1 Optischer Teil des Sensors

2.1.1 Stokes–Parameter

Da das elektrische Feld einer Lichtwelle nicht ohne weiteres gemessen werden kann, sind Methoden entwickelt worden, die auf der Ermittlung bestimmter optischer Leistungen, den sogenannten Stokes-Parametern beruhen. Die Stokes-Parameter

S_0 bis S_3 werden wie folgt gebildet:

S_0 ≙ Totale Leistung (polarisiert und nichtpolarisiert)
S_1 ≙ Leistung durch einen linearen horizontalen Polarisator minus Leistung durch einen linearen vertikalen Polarisator
S_2 ≙ Leistung durch einen linearen + 45°-Polarisator minus Leistung durch einen – 45°-Polarisator
S_3 ≙ Leistung durch einen rechtsdrehenden zirkularen Polarisator minus Leistung durch einen linksdrehenden zirkularen Polarisator

R. Thiele, *Test eines Faraday-Effekt-Stromsensors,* essentials,
DOI 10.1007/978-3-658-10096-4_2

Der Betrag der optischen Leistung der im polarisierten Teil der Lichtwelle enthalten ist, erhält man aus:

$$P_{polarisiert} = \sqrt{S_1^2 + S_2^2 + S_3^2}. \tag{2.1}$$

Der Polarisationsgrad, *DOP für Degree of Polarisation*, wird entsprechend

$$DOP = \frac{P_{polarisert}}{P_{polarisiert} + P_{nichtpolarisiert}} = \sqrt{s_1^2 + s_2^2 + s_3^2} \tag{2.2}$$

gebildet.

Darin sind die normierten Stokes-Parameter wie folgt definiert

$$s_1 = \frac{S_1}{S_0}, s_2 = \frac{S_2}{S_0}, s_3 = \frac{S_3}{S_0}. \tag{2.3}$$

mit dem Wertebereich

$$-1 \le s_\nu \le 1, \nu \in \{1,2,3\}. \tag{2.4}$$

Für die Messung der Stokes-Parameter wurde ein Messplatz der Fa. Newport verwendet, der aus folgenden Komponenten besteht:

- Temperature Controlled Mount; Modell 700P
- Laser Diode Driver; Modell 501B
- Temperature Controller; Modell 325B
- Polarisation Syntesizer; PSY-101.

Der Temperature Controlled Mount nach Abb. 2.1 dient zur Aufnahme der Laserdiode und ist mit dem Laser-Dioden-Treiber und dem Temperature Controller, entsprechend Abb. 2.2 verbunden.

Mit Hilfe des Laser-Dioden-Treibers erfolgt die Ansteuerung der Laserdiode. Durch den Temperature Controller wird gewährleistet, dass die eingestellte Betriebs-temperatur der Laserdiode konstant bleibt.

Die Abb. 2.3 zeigt unseren Polarisationsmessplatz einschließlich der Visualisierung des Polarisations-Einheitsvektors, der Poncare'-Kugel und der Anzeige der Stokes-Parameter auf dem Notebook.

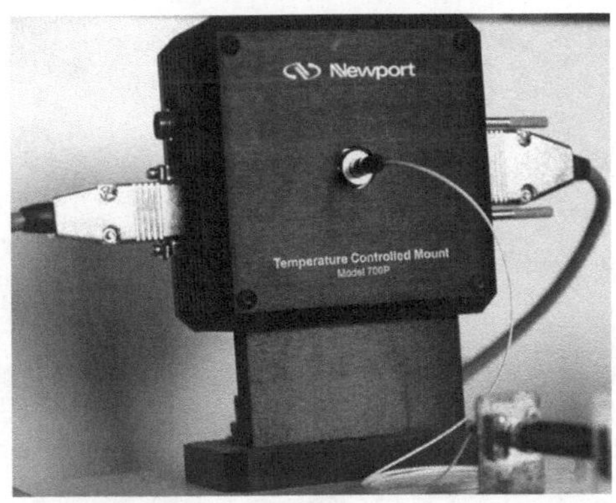

Abb. 2.1 Temperature Controlled Mount (Foto Winkler)

2.1.2 Polarisationsellipse

Die Berechnung der Polarisationsellipse erfolgt mit Gl. (2.5) ff.

$$\frac{X^2}{|e_x|^2} + \frac{Y^2}{|e_y|^2} - \frac{2XY\cos\psi}{|e_x||e_y|} = \sin^2\psi \tag{2.5}$$

$$\psi = \psi_y - \psi_x. \tag{2.6}$$

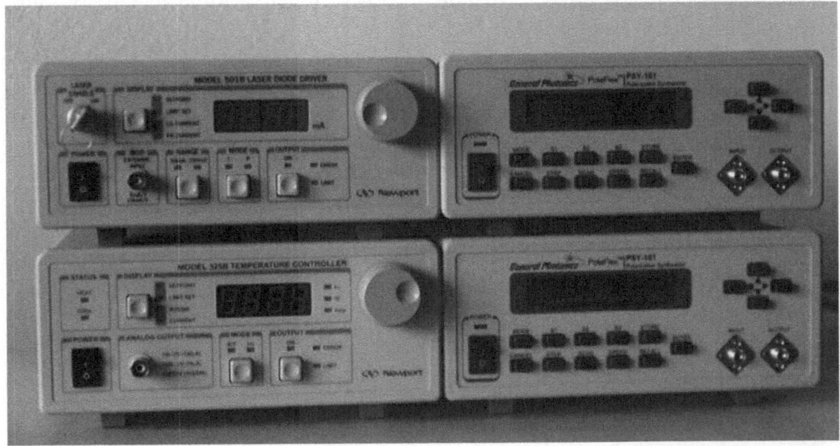

Abb. 2.2 Laser Diode Driver, Temperature Controller, Polarisation Synthesizer (Foto Winkler)

Abb. 2.3 Optischer Teil des Stromsensors mit Polarisations-Messgerät (Foto Pohl)

Voraussetzung Die Parameter des Polarisations-Einheitsvektors $|e_x|, |e_y|, \psi$ sind berechnet und damit bekannt.

Die Umstellung von (2.5) zur Normalform einer quadratischen Gleichung mit ihren Lösungen ergibt

$$Y^2 - 2\frac{|e_y|}{|e_x|}\cos\psi XY + \frac{|e_y|^2}{|e_x|^2}X^2 - |e_y|^2\sin^2\psi = 0 \tag{2.7}$$

$$Y_{1/2} = \frac{|e_y|}{|e_x|}X\cos\psi \pm \sqrt{\frac{|e_y|^2}{|e_x|^2}X^2\cos^2\psi - \frac{|e_y|^2}{|e_x|^2}X^2 + |e_y|^2\sin^2\psi} \tag{2.8}$$

Zwischenrechnung:

$$\sqrt{\frac{|e_y|^2}{|e_x|^2}X^2\cos^2\psi - \frac{|e_y|^2}{|e_x|^2}X^2 + |e_y|^2\sin^2\psi}$$

$$= \sqrt{\frac{|e_y|^2}{|e_x|^2} X^2 \left[\underbrace{\cos^2\psi - 1}_{=-\sin^2\psi}\right] + |e_y|^2 \sin^2\psi}$$

$$= \sqrt{-\frac{X^2}{|e_x|^2} + 1}\, |e_y| \sin\psi$$

$$= \frac{|e_y|}{|e_x|} \sin\psi \sqrt{|e_x|^2 - X^2}$$

Lösungen der quadratischen Gleichung:

$$Y_{1/2} = \frac{|e_y|}{|e_x|} X\cos\psi \pm \frac{|e_y|}{|e_x|} \sin\psi \sqrt{|e_x|^2 - X^2}$$

$$\underline{\underline{Y_{1/2} = \frac{|e_y|}{|e_x|}\left[X\cos\psi \pm \sqrt{|e_x|^2 - X^2}\sin\psi\right]}} \tag{2.9}$$

Wir erzwingen reelle Lösungen durch Einschränkung des Definitionsbereiches von X:

$$|e_x|^2 - X^2 \geq 0 \rightarrow X_{max,min} = \pm\sqrt{|e_x|^2} = \pm|e_x|$$

$$\underline{\underline{-|e_x| \leq X \leq |e_x|}}$$

Es folgen Beispiele für Entartungen der Polarisationsellipse. Dargestellt wird grundsätzlich Y über X.

Beispiel 1

$|e_x| = 0,\ |e_y| = 1,\ \psi = 0$ (vertikale lineare Polarisation) (Abb. 2.4)

Beachten Sie immer: $|e_x|^2 + |e_y|^2 = 1$

$$\rightarrow Y_{1,2} = \frac{|e_y|}{|e_x|} X \qquad \rightarrow Y_1 = Y_2 = Y$$

$$|e_x| Y_{1,2} = |e_y| X, \text{ bei: } |e_x| = 0 \text{ und } |e_y| = 1$$

$$\rightarrow \boxed{X = 0,\ Y_{1,2} = \text{beliebig}}$$

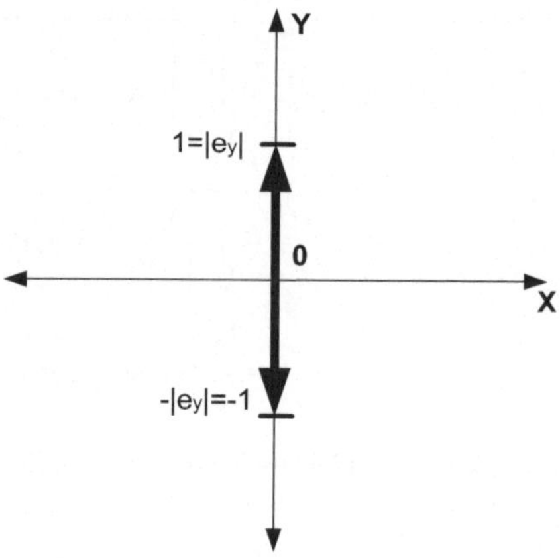

Abb. 2.4 Vertikale lineare Polarisation

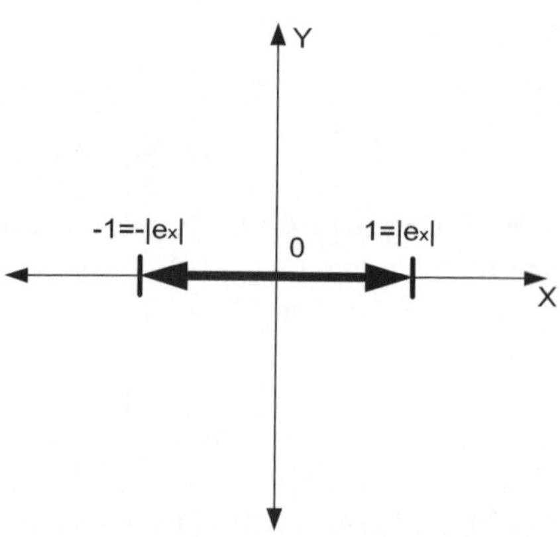

Abb. 2.5 Horizontale lineare Polarisation

Aus Symmetriegründen beachten Sie bitte: $-\left|e_y\right| \leq Y \leq \left|e_y\right|$

Beispiel 2

$\left|e_y\right| = 0,\ \left|e_x\right| = 1,\ \psi = \pi$ (horizontale lineare Polarisation) (Abb. 2.5)

$$Y_{1/2} = -\frac{\left|e_y\right|}{\left|e_x\right|}\ X = -\frac{0}{1}\ X = 0$$

$$\rightarrow \boxed{Y_1 = Y_2 = 0 \text{ und } X \text{ beliebig}}$$

Beachten Sie bitte: $-\left|e_x\right| \leq X \leq \left|e_x\right|$

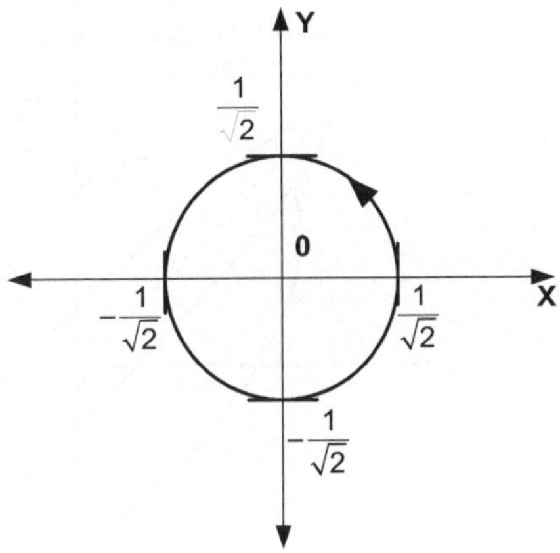

Abb. 2.6 Zirkular linksdrehende Polarisation

Beispiel 3

$|e_x| = |e_y| = \frac{1}{\sqrt{2}},\ \psi = \frac{\pi}{2}$ (zirkular linksdrehende Polarisation) (Abb. 2.6)

$$Y_{1/2} = \sqrt{|e_x|^2 - X^2} = \pm\sqrt{\frac{1}{2} - X^2}$$

$$-|e_x| = -\frac{1}{\sqrt{2}} \leq X \leq \frac{1}{\sqrt{2}} = |e_x|$$

Das Ziel unserer Untersuchungen ist eine reale Darstellung der Verhältnisse in Form von Abb. 2.7.

Weiterhin gilt: $\psi_{min} \leq \psi \leq \psi_{max}$ und zugehörig z.B. $|e_{x\,min}|$, $|e_{y\,min}|$ für ψ_{min}.

2.1.3 Polarisations-Einheitsvektor

Die Berechnung von $|e_x|$, $|e_y|$, ψ erfolgt aus den gemessenen Stokes-Parametern:

$$\left.\begin{aligned} &|e_x| = \sqrt{\frac{1+s_1}{2}},\ |e_y| = \sqrt{\frac{1-s_1}{2}} \\ &\psi = \psi_y - \psi_x = \arccos\left[\frac{s_2}{\sqrt{1-s_1^2}}\right] \text{ oder } \psi = \psi_y - \psi_x = -\arcsin\left[\frac{s_3}{\sqrt{1-s_1^2}}\right]. \end{aligned}\right\} \quad (2.10)$$

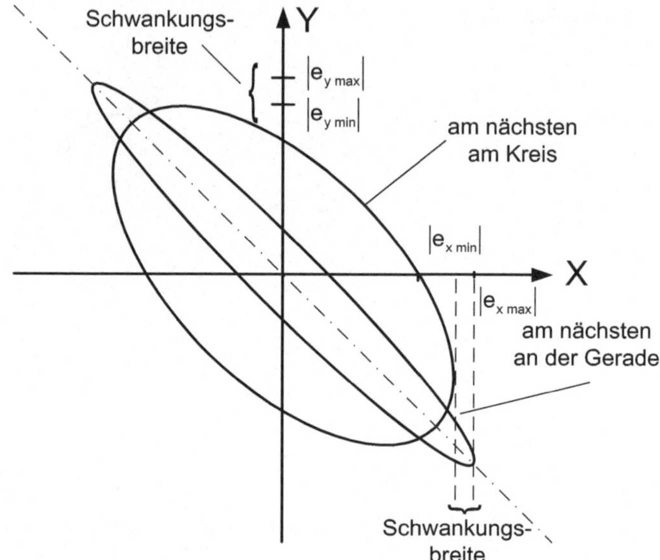

Abb. 2.7 Extremwerte der Polarisationsellipse und des Polarisations-Einheitsvektors

Die spätere Berechnung benutzen wir u. A.

$$\psi = \psi_y - \psi_x = -\arccos\left[\frac{s_2}{\sqrt{1-s_1^2}}\right]. \tag{2.11}$$

Der Polarisations-Einheitsvektor lässt sich aus den Stokes-Parametern ermitteln.
Ausgangspunkt sind die Definitionen

$$\text{Definition 1:}\ s_1 = |e_x|^2 - |e_y|^2$$

$$s_2 = e_x e_y{}^* + e_x{}^* e_y$$

$$s_3 = j\,[e_x e_y{}^* - e_x{}^* e_y]$$

$$\text{Definition 2:}\ \begin{pmatrix} e_x \\ e_y \end{pmatrix} = \begin{pmatrix} |e_x| & e^{-j\psi_x} \\ |e_y| & e^{-j\psi_y} \end{pmatrix}$$

$$\boxed{|e_x|^2 + |e_y|^2 = 1}\quad (\text{Voraussetzung}) \tag{2.12}$$

Herleitung: $s_1 = |e_x|^2 - 1 + |e_x|^2 = 2|e_x|^2 - 1$

$$\rightarrow |e_x|^2 = \frac{1+s_1}{2}$$

$$\rightarrow \boxed{|e_x| = \sqrt{\frac{1+s_1}{2}}} \tag{2.13}$$

$$s_1 = 1 - 2|e_y|^2$$

$$\rightarrow |e_y|^2 = \frac{1-s_1}{2}$$

$$\rightarrow \boxed{|e_y| = \sqrt{\frac{1-s_1}{2}}} \tag{2.14}$$

$s_2 = |e_x||e_y|e^{j(\psi_y - \psi_x)} + |e_x||e_y|e^{-j(\psi_y - \psi_x)}$ Definition: $\psi = \psi_y - \psi_x$

$s_2 = |e_x||e_y|\left[e^{j\psi} + e^{-j\psi}\right]$ mit $e^{j\psi} + e^{-j\psi} = 2\cos\psi$

$\rightarrow \cos\psi = \frac{s_2}{2|e_x||e_y|}$ mit $|e_x| = \sqrt{\frac{1+s_1}{2}}$ und $|e_y| = \sqrt{\frac{1-s_1}{2}}$

$\rightarrow \cos\psi = \frac{s_2}{\sqrt{(1-s_1)\,(1+s_1)}}$ mit $(1-s_1)(1+s_1) = 1-s_1{}^2$

$$\rightarrow \cos\psi = \frac{s_2}{\sqrt{(1-s_1^2)}}$$

$$\rightarrow \boxed{\psi = \psi_y - \psi_x = \arccos\left[\frac{s_2}{\sqrt{1-s_1^2}}\right]} \tag{2.15}$$

$$s_3 = j\,[|e_x||e_y|e^{j(\psi_y - \psi_x)} - |e_x||e_y|e^{-j\,(\psi_y - \psi_x)}$$

$s_3 = j\,|e_x||e_y|[e^{j\psi} - e^{-j\psi_y}]$ mit $e^{j\psi} - e^{-j\psi_y} = 2j\sin\psi$

$$s_3 = -2\,|e_x||e_y|\,\sin\psi;\ j^2 = -1$$

$-\sin\psi = \frac{s_3}{2|e_x||e_y|}$ mit $|e_x| = \sqrt{\frac{1+s_1}{2}}$ und $|e_y| = \sqrt{\frac{1-s_1}{2}}$

$$-\sin\psi = \frac{s_3}{\sqrt{1-s_1^2}} \qquad \text{mit} \quad -\sin\psi = \sin(-\psi)$$

$$\sin(-\psi) = \frac{s_3}{\sqrt{1-s_1^2}}$$

$$\rightarrow -\psi = \arcsin\left[\frac{s_3}{\sqrt{1-s_1^2}}\right]$$

$$\boxed{\psi = -\arcsin\left[\frac{s_3}{\sqrt{1-s_1^2}}\right]} \tag{2.16}$$

2.1.4 Polarisationsvariable

Die Polarisationsvariable χ ist definiert als Verhältnis der Transversalkomponenten der Verschiebungsflussdichte gemäß

$$\chi = \frac{D_y}{D_x}. \tag{2.17}$$

Für die Übertragung einer Polarisation vom Eingang einer optischen Komponente zu deren Ausgang gilt die Polarisations-Übertragungsgleichung zwischen χ_{in} als Eingangspolarisation und χ_{out} als Ausgangspolarisation mit den Elementen der Jones-Matrix (J_{11}, J_{12}, J_{21}, J_{22}) entsprechend

$$\chi_{out} = \frac{J_{21} + J_{22}\,\chi_{in}}{J_{11} + J_{12}\,\chi_{in}}. \tag{2.18}$$

2.2 Elektronischer Teil des Sensors

Der elektronische Teil des Sensors ist in Abb. 1.2 dargestellt.

2.2.1 Messprinzip für die Signalverarbeitungseinheit

Für die alleinige messtechnische Bestimmung von Strom- und Spannungswerten mit handelsüblichen Messgeräten ist für die Signalverarbeitungseinheit nach Abb. 1.2 ein Messprinzip erforderlich.

Erfindungsgemäß soll dazu die Photodiode am Eingang vorläufig abgetrennt und durch die Reihenschaltung von Gleichspannungs- (U_q) und Wechselspannungsquelle (u_q) sowie einen geeignet dimensionierten Widerstand R_i ersetzt werden, dass sich ein Gleich- und Wechselstrom durch R_i so einstellt als ob die Photodiode zusammen mit dem gesamten optischen Teil ohne die Rückkopplungen angeschlossen wäre.

Das ist dann genau der Fall, wenn gilt:

$$U_q = R_i I_{phA} \tag{2.19}$$

und

$$\hat{u}_q = R_i \hat{i}_{ph\sim} \tag{2.20}$$

Dabei ist zu beachten, dass der Wechselspannungsanteil sowohl die Grundschwingung als auch die erste Oberschwingung enthalten muss.

2.2.2 Messwerte für Ströme und Spannungen

Die Messwerte für die Ströme und Spannungen in der Signalverarbeitungseinheit nach Abb. 1.2 entnehmen Sie bitte Tab. 2.1. Darin kennzeichnen die „Dachwerte" die Maximalwerte der Ströme und Spannungen ohne „Dach" in Abb. 1.2, die sich nach einer Laufzeit τ aus der Überlagerung von Grundschwingung und erster Oberschwingung ergeben. Ausführungen zur Laufzeit τ finden Sie in dem an letzter Stelle der weiterführenden Literatur aufgeführten Essential.

Tab. 2.1 Messwerte für Ströme und Spannungen in der Signalverarbeitungseinheit

Messgröße	I_{phA}	$\hat{i}_{ph0} = \hat{i}_{ph1}$	$\hat{u}_{10} = \hat{u}_{11}$	$\hat{u}_{20} = \hat{u}_{30}$ $\hat{u}_{21} = \hat{u}_{31}$	$\hat{i}_{0\sim} = \hat{i}_{1\sim}$	$\hat{u}_{m0} = \hat{u}_{m1}$
Messwert	1,25 µA	0,4 nA	160 mV	16,5 V	460 mA	16,4 V

3 Messtechnische Ergebnisse

In diesem Kapitel finden Sie die messtechnischen Ergebnisse zu den Polarisations-Eigenschaften eines reflektierenden Faraday-Effekt-Stromsensors.

3.1 Leistungs-Strom-Kennlinie der Laserdiode

Für alle Versuche und Messungen wurde die Laserdiode LD-1550-21B der Firma Newport mit folgenden technischen Daten in Englisch verwendet.

Model	LD-1550-21B
Package Type	TO, fiber pigtailed
Center Wavelength	1550 nm
Output Power	1,5 mW
Rise/Fall Time	0,3 ns
Center Wavelength Tolerance	±15 nm
Current Threshold	20 mA
Light Output	SM
Fiber Core Diameter	9 µm
Cladding Diameter	125 µm

Diese LD wurde in den Temperature Controlled Mount; Modell 700P eingebaut und mit den anderen Komponenten

R. Thiele, *Test eines Faraday-Effekt-Stromsensors,* essentials,
DOI 10.1007/978-3-658-10096-4_3

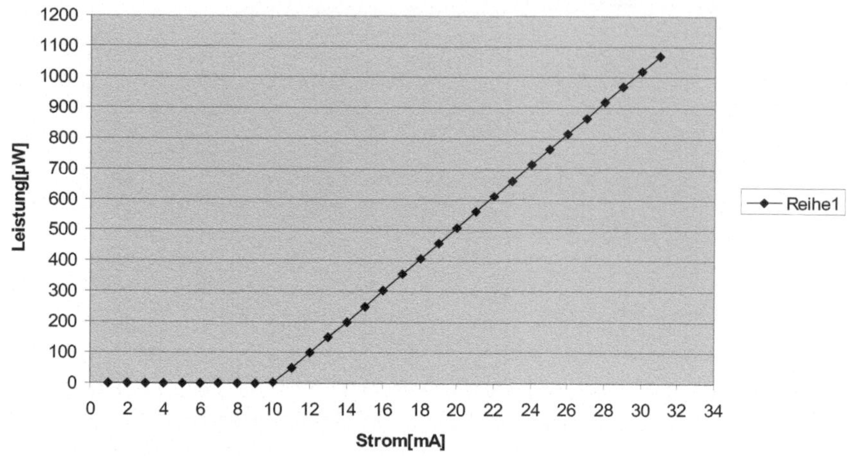

Abb. 3.1 Leistungs-Strom-Kennlinie der Laserdiode als Gesamtdarstellung

- Laser Dioden Driver; Modell 501B
- Temperature Controller; Modell 325B
- Polarisation Synthesizer; PSY-101

verbunden.

Unter Verwendung der folgenden Komponenten wurde die Leistungs-Strom-Kennlinie aufgenommen.

Mit Hilfe des Laser Dioden Driver erfolgte die Ansteuerung der Laserdiode im Bereich von 0–30 mA.

An den Ausgang der Laserdiode wurde ein Isolator angeschlossen. Zur Verbindung von Isolator und Polarisation Synthesizer setzten wir ein nichtpolarisationserhaltendes Lichtwellenkabel ein. Am Polarisation Synthesizer konnte die Leistung direkt abgelesen werden.

Daraus ergab sich die Kennlinie in Abb. 3.1. In Abb. 3.2 ist die Kennlinie im „unteren Bereich“ nochmals in einer anderen Skalierung abgebildet. Hierbei erkennt man, dass bei einer Ansteuerung von 0 bis 9 mA nur eine sehr geringe Leistung abgegeben wird. Diesen Bereich nennt man LED-Bereich. Hier findet die spontane Emission als LED-Betrieb der Laserdiode statt.

Im Bereich von ca. 9 bis 30 mA tritt die stimulierte Emission auf, d. h. LD-Betrieb.

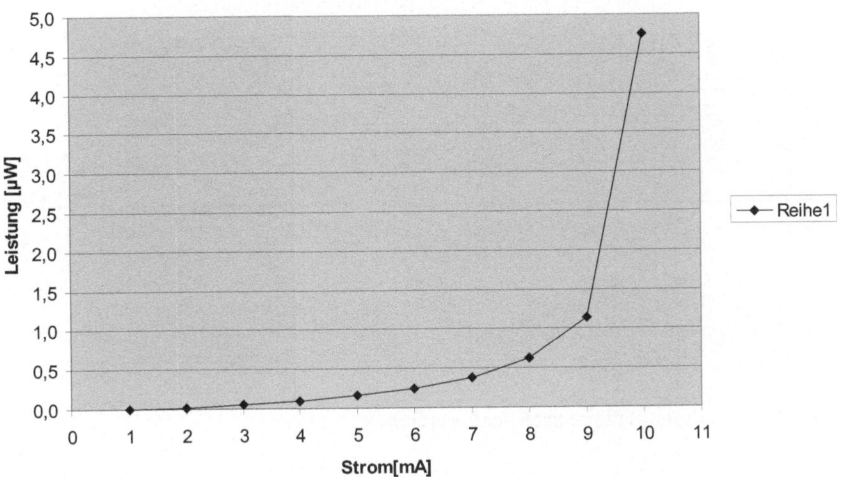

Abb. 3.2 Leistungs-Strom-Kennlinie der Laserdiode (*unterer Teil*)

3.2 Polarisations-Eigenschaften vor dem Koppler

3.2.1 Polarisations-Eigenschaften an der Laserdiode

In Abb. 3.3 sind die Messergebnisse der beiden Extremfälle der Polarisationsellipse für die Messung an der Laserdiode dargestellt.

Polarisations-Einheitsvektoren:

$$\left|e_{y\,min}\right| = 0{,}84410$$

$$\left|e_{x\,max}\right| = 0{,}53619$$

$$\text{zugehörig } \psi = 1{,}19288 \triangleq 68{,}35^{\circ}$$

$$\left|e_{y\,max}\right| = 0{,}84735$$

$$\left|e_{x\,min}\right| = 0{,}53104$$

$$\text{zugehörig } \psi = 1{,}21439 \triangleq 69{,}58^{\circ}$$

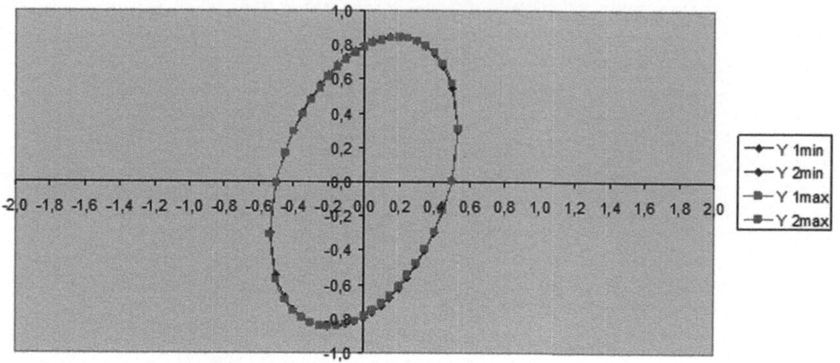

Abb. 3.3 Polarisationsellipse nach der Laserdiode

Betrag der Polarisationsvariablen:

$$\underline{\underline{|\chi_{min}|}} = \frac{|e_{y\,min}|}{|e_{x\,max}|} = \frac{0,84410}{0,53619} = \underline{\underline{1,57426}}$$

$$\underline{\underline{|\chi_{max}|}} = \frac{|e_{y\,max}|}{|e_{x\,min}|} = \frac{0,84735}{0,53104} = \underline{\underline{1,59564}}$$

3.2.2 Polarisations-Eigenschaften nach dem Isolator

Abbildung 3.4 zeigt die Polarisationsellipsen am Ausgang des Isolators.

Polarisations-Einheitsvektoren:

$$|e_{y\,min}| = 0,89107$$

$$|e_{x\,max}| = 0,45387$$

$$\text{zugehörig } \psi = 2,60215 \mathrel{\hat{=}} 149,1^{\circ}$$

$$|e_{y\,max}| = 0,96203$$

$$|e_{x\,min}| = 0,27295$$

$$\text{zugehörig } \psi = 2,42500 \mathrel{\hat{=}} 138,9^{\circ}$$

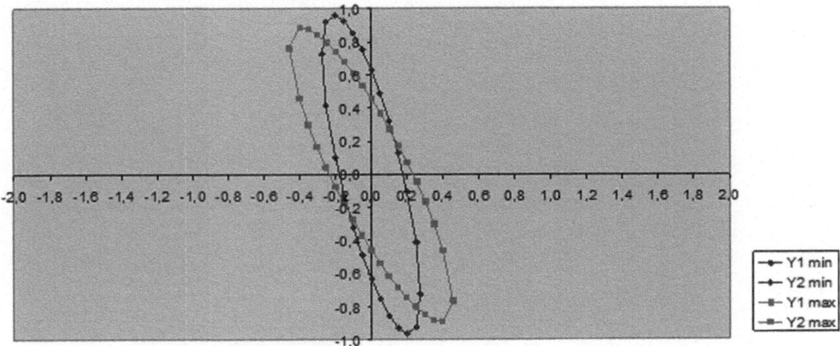

Abb. 3.4 Polarisationsellipsen nach dem Isolator

Betrag der Polarisationsvariablen:

$$\underline{\underline{|\chi_{min}|}} = \frac{|e_{y\,min}|}{|e_{x\,max}|} = \frac{0{,}89107}{0{,}45387} = \underline{\underline{1{,}96327}}$$

$$\underline{\underline{|\chi_{max}|}} = \frac{|e_{y\,max}|}{|e_{x\,min}|} = \frac{0{,}96203}{0{,}27295} = \underline{\underline{3{,}52456}}$$

3.2.3 Polarisations-Eigenschaften nach dem ersten Polarisator

Abbildung 3.5 zeigt, dass die Polarisation nach dem ersten Polarisator näherungsweise linear ist, d. h. eine geringe Elliptizität aufweist.

Polarisations-Einheitsvektoren:

$$|e_{y\,min}| = 0{,}09220$$

$$|e_{x\,max}| = 0{,}99574$$

$$\text{zugehörig } \psi = 1{,}6035 \mathrel{\hat{=}} 91{,}87^{\circ}$$

$$|e_{y\,max}| = 0{,}10488$$

$$|e_{x\,min}| = 0{,}99448$$

$$\text{zugehörig } \psi = 1{,}323 \mathrel{\hat{=}} 75{,}80^{\circ}$$

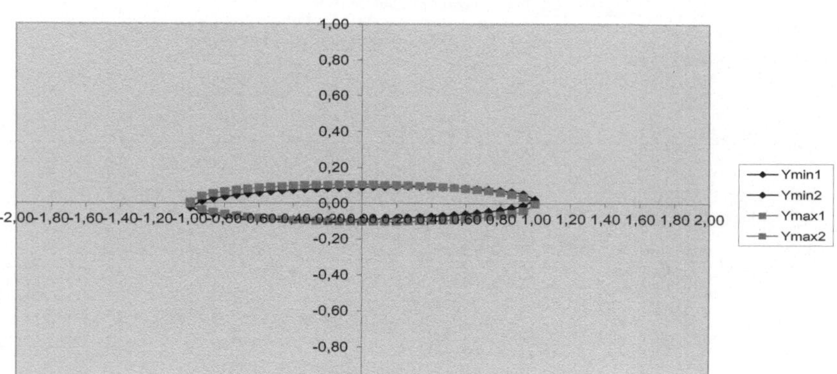

Abb. 3.5 Polarisationsellipsen nach dem ersten Polarisator

Betrag der Polarisationsvariablen:

$$\underline{\underline{|\chi_{\min}|}} = \frac{|e_{y\,\min}|}{|e_{x\,\max}|} = \frac{0{,}09220}{0{,}99574} = \underline{\underline{1{,}09259}}$$

$$\underline{\underline{|\chi_{\max}|}} = \frac{|e_{y\,\max}|}{|e_{x\,\min}|} = \frac{0{,}10488}{0{,}99448} = \underline{\underline{0{,}10546}}$$

3.3 Optische Leistungen am Koppler

Den Grundaufbau des bei den Messungen verwendeten Kopplers zeigt Abb. 3.6.

Für die nachfolgenden Messreihen wurden zwei unterschiedliche Koppler eingesetzt:

1. PM Filter Coupler Data Sheet, PMC-22-T-15-50/50-FC/PC, der Fa. General Photonics (polarisationserhaltender Koppler)
2. Benchtop Coupler/WAA Datasheet, F-CPL-L22155-P, der Fa. Newport (nicht-polarisationserhaltender Koppler)

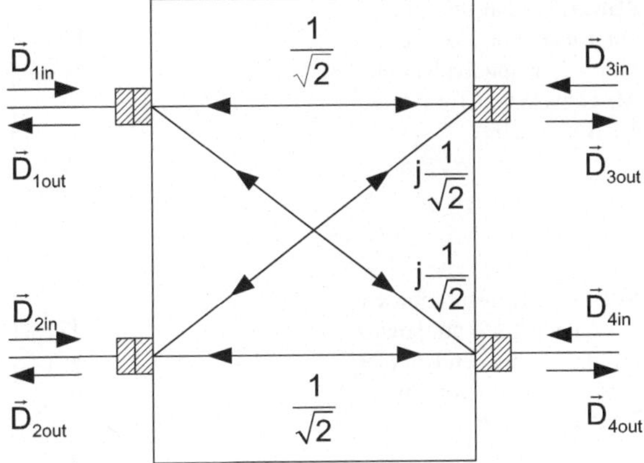

Abb. 3.6 Optischer Koppler mit eingetragenen idealen Transmissionen

Zunächst erfolgte die Messung der optischen Leistung an folgenden Stellen des Versuchsaufbaus bei Einbeziehung des Leistungsabfalls um jeweils ca. −0,5 dB pro Kupplung:

- am Ausgang der Laserdiode 768 μW
- nach dem Isolator 305 μW
- nach dem elektronischen Polarisator 120 μW.

Das heißt, in den Koppler wurde generell eine optische Leistung von 120 μW eingespeist.

Die errechneten Transmissionsfaktoren für die Übertragung der jeweiligen elektrischen Verschiebungsflussdichte sind aus den Schaltbildern im Abschn. 3.3.1 sowie 3.3.2 deutlich zu entnehmen.

3.3.1 Polarisationserhaltender Koppler

Messung 1 (Abb. 3.7):

$$\text{Ergebnis: } P_1 = 120\,\mu\text{W}$$
$$P_3 = 39\,\mu\text{W}$$

Messung 2 (Abb. 3.8):

$$\text{Ergebnis: } P_1 = 120\,\mu\text{W}$$
$$P_4 = 41\,\mu\text{W}$$

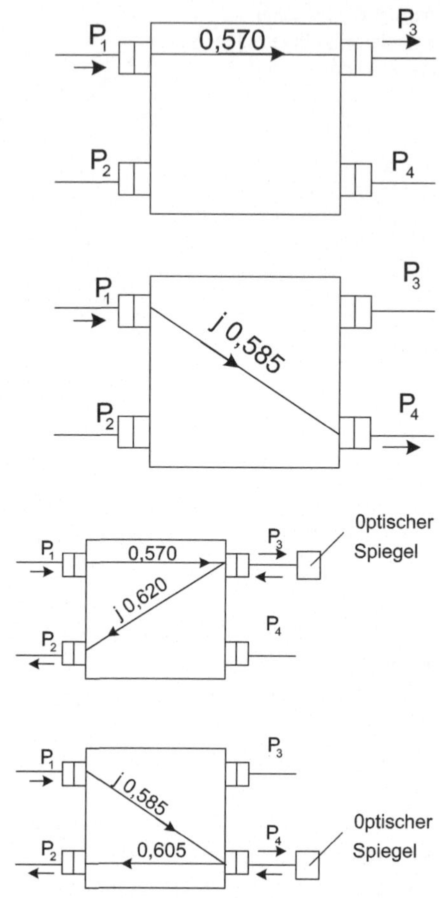

Abb. 3.7 Transmission von Tor 1 nach Tor 3 am polarisationserhaltenden Koppler Abschlüsse von Tor 2 und 4: reflexionsfrei

Abb. 3.8 Transmission von Tor 1 nach Tor 4 am polarisationserhaltenden Koppler Abschlüsse von Tor 2 und 3: reflexionsfrei

Abb. 3.9 Transmission von Tor 3 nach Tor 2 am polarisationserhaltenden Koppler Abschluss von Tor 4: reflexionsfrei

Abb. 3.10 Transmission von Tor 4 nach Tor 2 am polarisationserhaltenden Koppler Abschluss von Tor 3: reflexionsfrei

Bei den nächsten Messungen wurden die Ausgänge unterschiedlich mit optischen Spiegeln versehen.

Messung 3 (Abb. 3.9):

$$\text{Ergebnis: } P_1 = 120\ \mu\text{W}$$
$$P_2 = 15\ \mu\text{W}$$
$$P_3 = 39\ \mu\text{W}$$

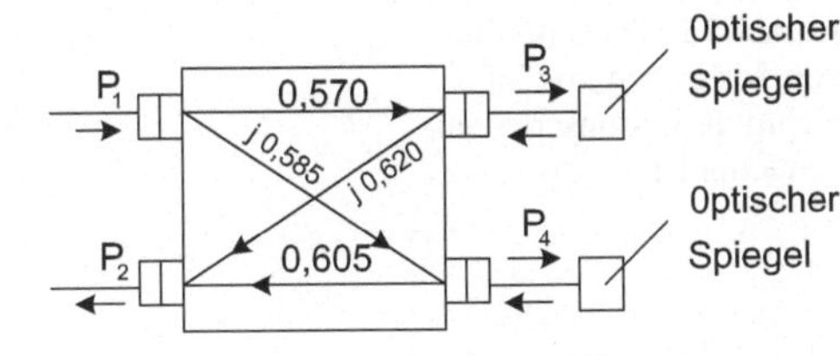

Abb. 3.11 Zur Messung der Leistung am Tor 2 des polarisationserhaltenden Kopplers bei Abschluss von Tor 3 und 4 mit Spiegeln

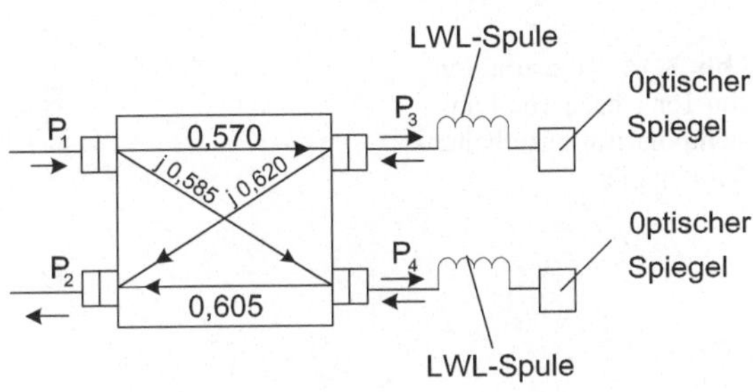

Abb. 3.12 Zur Messung der Leistung am Tor 2 des polarisationserhaltenden Kopplers bei Abschluss von Tor 3 und 4 mit eingefügten LWL-Spulen

Messung 4 (Abb. 3.10):

$$\text{Ergebnis: } P_1 = 120\,\mu W$$
$$P_2 = 15\,\mu W$$
$$P_4 = 41\,\mu W$$

Messung 5 (Abb. 3.11):

$$\text{Ergebnis: } P_1 = 120\,\mu W, \quad P_3 = 39\,\mu W$$
$$P_2 = 30\,\mu W, \quad P_4 = 41\,\mu W$$

Messung 6: Einfügung der LWL-Spulen (Abb. 3.12)

$$\text{Ergebnis: } P_1 = 120\,\mu W$$
$$P_2 = 22\,\mu W$$

3.3.2 Nichtpolarisationserhaltender Koppler

Messung 1 (Abb. 3.13):

Abschlüsse von Tor 2 und 4: reflexionsfrei

$$\text{Ergebnis: } P_1 = 120\,\mu W$$
$$P_3 = 36\,\mu W$$

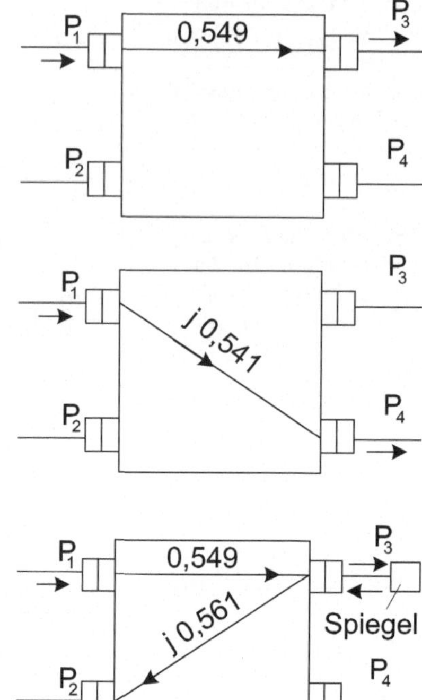

Abb. 3.13 Transmission von Tor 1 nach Tor 3 am nichtpolarisationserhaltenden Koppler

Abb. 3.14 Transmission von Tor 1 nach Tor 4 am nichtpolarisationserhaltenden Koppler

Abb. 3.15 Transmission von Tor 3 nach Tor 2 am nichtpolarisationserhaltenden Koppler

Messung 2 (Abb. 3.14):

Abschlüsse von Tor 2 und 3: reflexionsfrei

$$\text{Ergebnis: } P_1 = 120\,\mu\text{W}$$
$$P_4 = 35\,\mu\text{W}$$

Bei den nächsten Messungen wurden die Ausgänge unterschiedlich mit optischen Spiegeln versehen.

Messung 3 (Abb. 3.15):

Abschluss von Tor 4: reflexionsfrei

$$\text{Ergebnis: } P_1 = 120\,\mu\text{W}, \quad P_3 = 36\,\mu\text{W}$$
$$P_2 = 11\,\mu\text{W}$$

Messung 4 (Abb. 3.16):

Abschluss von Tor 3: reflexionsfrei

$$\text{Ergebnis: } P_1 = 120\,\mu\text{W}$$
$$P_2 = 11\,\mu\text{W}$$
$$P_3 = 35\,\mu\text{W}$$

Abb. 3.16 Transmission von Tor 4 nach Tor 2 am nichtpolarisationserhaltenden Koppler

Abb. 3.17 Zur Messung der Leistung am Tor 2 des nichtpolarisationserhaltenden Kopplers bei Abschluss von Tor 3 und 4 mit Spiegeln

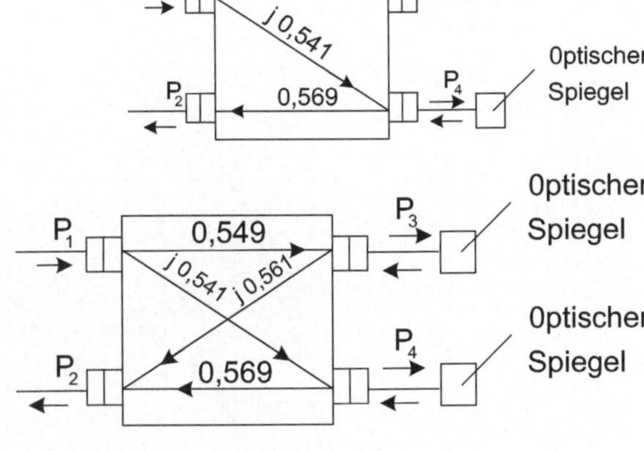

Abb. 3.18 Zur Messung der Leistung am Tor 2 des nichtpolarisationserhaltenden Kopplers bei Abschluss von Tor 3 und 4 mit eingefügten LWL-Spulen

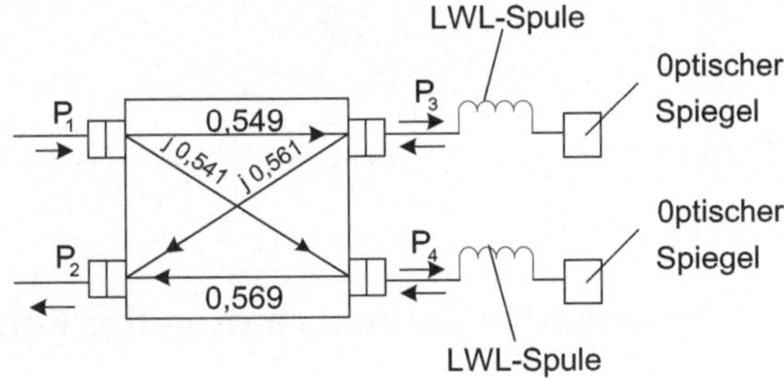

Messung 5 (Abb. 3.17):

$$\text{Ergebnis: } P_1 = 120\,\mu\text{W}, \quad P_3 = 36\,\mu\text{W}$$
$$P_2 = 22\,\mu\text{W}, \quad P_4 = 35\,\mu\text{W}$$

Messung 6: Einfügung der LWL-Spulen (Abb. 3.18)

$$\text{Ergebnis: } P_1 = 120\,\mu\text{W}$$
$$P_4 = 18\,\mu\text{W}$$

Zusammenfassend kann festgestellt werden, dass beide Koppler-Typen bezüglich ihrer Leistungs-Übertragungseigenschaften etwa gleichwertig sind.

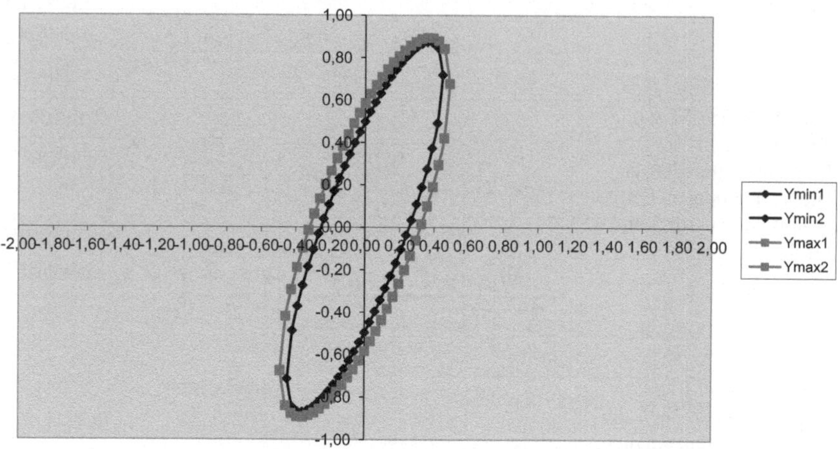

Abb. 3.19 Polarisationsellipsen am Ausgang 3 des Kopplers Polarisations-Einheitsvektoren

3.4 Polarisations-Eigenschaften des Kopplers

In dem an vorletzter Stelle der weiterführenden Literatur genannten Essential wurde ausgeführt, dass der Koppler nach unserer Definition zur Polarisationserhaltung unbedingt polarisationserhaltend für eine gute Funktionsweise des Sensors sein muss.

Nachfolgend sind unsere Messergebnisse für einen solchen Koppler dargestellt.

Am Eingang 1 des Kopplers nach Abb. 3.6 lag dabei grundsätzlich die Polarisation nach Abb. 3.5 an.v

Messung 1 (Abb. 3.19):

$$\left|e_{y\,\min}\right| = 0{,}87235$$

$$\left|e_{x\,\max}\right| = 0{,}48888$$

$$\text{zugehörig } \psi = 0{,}71323 \mathrel{\hat{=}} 40{,}87^\circ$$

$$\left|e_{y\,\max}\right| = 0{,}89443$$

$$\left|e_{x\,\min}\right| = 0{,}44721$$

$$\text{zugehörig } \psi = 0{,}6094 \mathrel{\hat{=}} 34{,}78^\circ$$

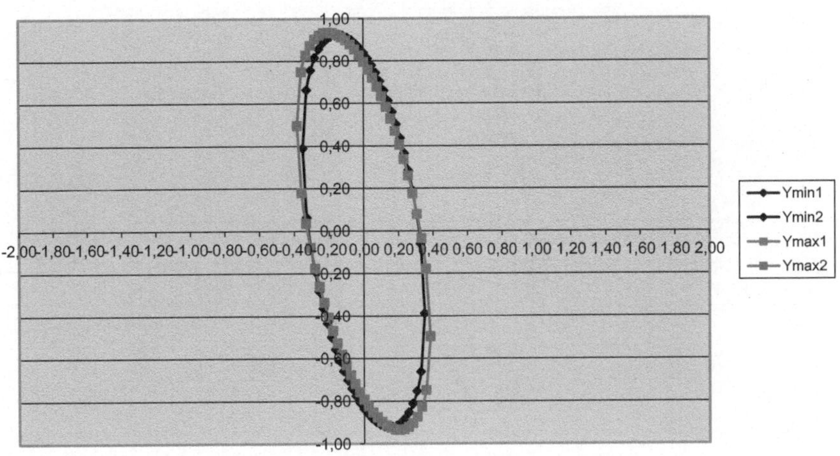

Abb. 3.20 Polarisationsellipsen am Ausgang 4 des Kopplers Polarisations-Einheitsvektoren

Betrag der Polarisationsvariablen:

$$\underline{\underline{|\chi_{\min}|}} = \frac{|e_{y\min}|}{|e_{x\max}|} = \frac{0{,}87235}{0{,}48888} = \underline{\underline{1{,}78438}}$$

$$\underline{\underline{|\chi_{\max}|}} = \frac{|e_{y\max}|}{|e_{x\min}|} = \frac{0{,}89443}{0{,}44721} = \underline{\underline{2{,}00002}}$$

Messung 2 (Abb. 3.20):

$$|e_{y\min}| = 0{,}92358$$

$$|e_{x\max}| = 0{,}38341$$

$$\text{zugehörig } \psi = 2{,}13020 \mathrel{\hat{=}} 122{,}05^\circ$$

$$|e_{y\max}| = 0{,}93648$$

$$|e_{x\min}| = 0{,}35071$$

$$\text{zugehörig } \psi = 2{,}00551 \mathrel{\hat{=}} 114{,}91^\circ$$

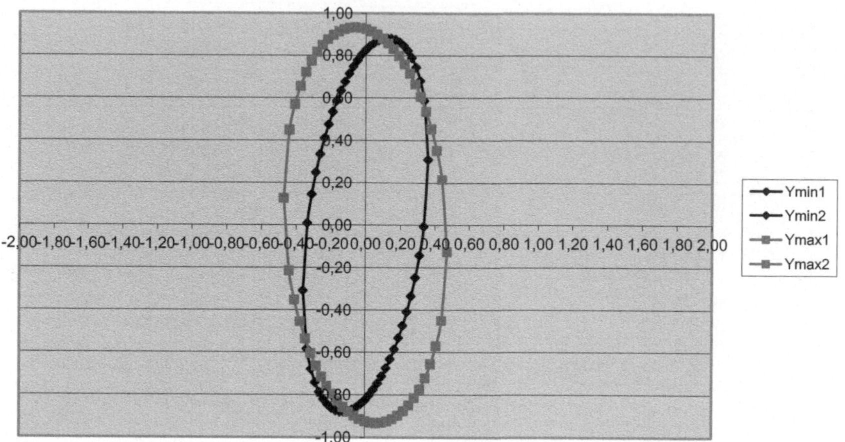

Abb. 3.21 Polarisationsellipsen am Ausgang 2 des Kopplers, an Nr. 3: Faraday-Mirror

Betrag der Polarisationsvariablen:

$$\underline{\underline{|\chi_{min}|}} = \frac{|e_{y\,min}|}{|e_{x\,max}|} = \frac{0,92358}{0,38341} = \underline{\underline{2,40886}}$$

$$\underline{\underline{|\chi_{max}|}} = \frac{|e_{y\,max}|}{|e_{x\,min}|} = \frac{0,93648}{0,35071} = \underline{\underline{2,67024}}$$

Messung 3 (Abb. 3.21):

Polarisations-Einheitsvektoren:

$$|e_{y\,min}| = 0,88176$$

$$|e_{x\,max}| = 0,47470$$

$$\text{zugehörig } \psi = 1,70609 \mathrel{\hat{=}} 97,75^\circ$$

$$|e_{y\,max}| = 0,93327$$

$$|e_{x\,min}| = 0,35917$$

$$\text{zugehörig } \psi = 1,21242 \mathrel{\hat{=}} 69,47^\circ$$

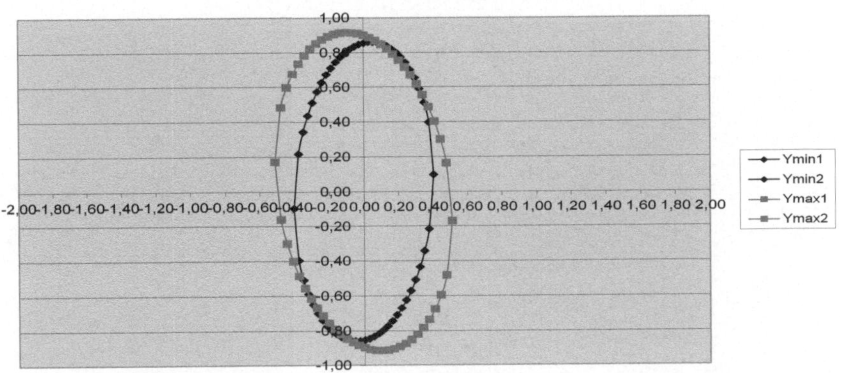

Abb. 3.22 Polarisationsellipsen am Ausgang 2 des Kopplers; Nr. 4: Faraday-Mirror

Betrag der Polarisationsvariablen:

$$\underline{\underline{|\chi_{min}|}} = \frac{|e_{y\,min}|}{|e_{x\,max}|} = \frac{0{,}88176}{0{,}47170} = \underline{\underline{1{,}86932}}$$

$$\underline{\underline{|\chi_{max}|}} = \frac{|e_{y\,max}|}{|e_{x\,min}|} = \frac{0{,}93327}{0{,}35917} = \underline{\underline{2{,}59841}}$$

Messung 4 (Abb. 3.22):

Polarisations-Einheitsvektoren:

$$|e_{y\,min}| = 0{,}85965$$

$$|e_{x\,max}| = 0{,}51088$$

$$\text{zugehörig } \psi = 1{,}75924 \mathrel{\hat{=}} 100{,}8^\circ$$

$$|e_{y\,max}| = 0{,}91515$$

$$|e_{x\,min}| = 0{,}40311$$

$$\text{zugehörig } \psi = 1{,}45837 \mathrel{\hat{=}} 83{,}6^\circ$$

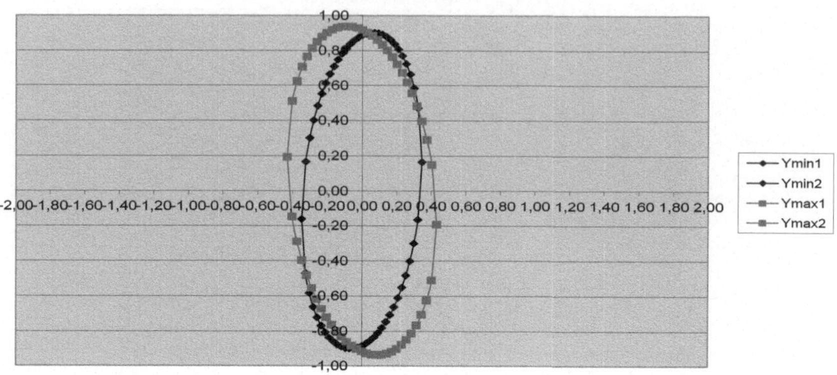

Abb. 3.23 Polarisationsellipsen am Ausgang 2 des Kopplers; Nr. 3 und 4: Faraday-Mirror

Betrag der Polarisationsvariablen:

$$\underline{\underline{|\chi_{min}|}} = \frac{|e_{y\,min}|}{|e_{x\,max}|} = \frac{0,85965}{0,51088} = \underline{\underline{1,68268}}$$

$$\underline{\underline{|\chi_{max}|}} = \frac{|e_{y\,max}|}{|e_{x\,min}|} = \frac{0,91515}{0,40311} = \underline{\underline{2,27022}}$$

Messung 5 (Abb. 3.23):

Polarisations-Einheitsvektoren:

$$|e_{y\,min}| = 0,90194$$

$$|e_{x\,max}| = 0,43186$$

$$\text{zugehörig } \psi = 1,77827 \mathrel{\hat{=}} 101,89^\circ$$

$$|e_{y\,max}| = 0,93808$$

$$|e_{x\,min}| = 0,34641$$

$$\text{zugehörig } \psi = 1,38860 \mathrel{\hat{=}} 79,56^\circ$$

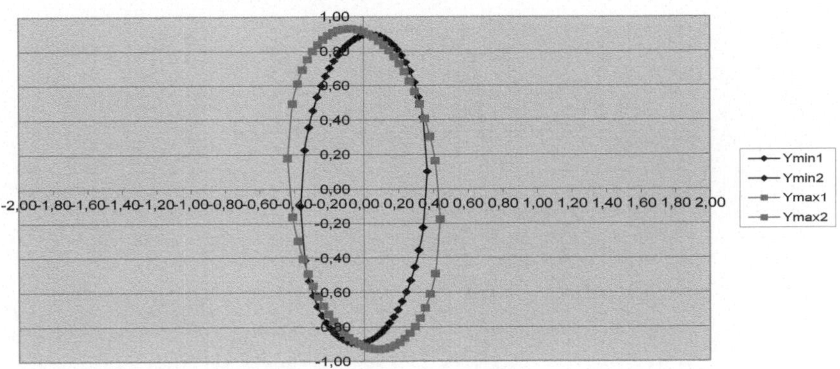

Abb. 3.24 Polarisationsellipsen am Ausgang 2 des Kopplers; Nr. 3 und 4: Spule – Mirror

Betrag der Polarisationsvariablen:

$$\underline{\underline{|\chi_{min}|}} = \frac{|e_{y\,min}|}{|e_{x\,max}|} = \frac{0{,}90194}{0{,}43186} = \underline{\underline{2{,}08850}}$$

$$\underline{\underline{|\chi_{max}|}} = \frac{|e_{y\,max}|}{|e_{x\,min}|} = \frac{0{,}93808}{0{,}34641} = \underline{\underline{2{,}70800}}$$

Messung 6 (Abb. 3.24):

Polarisations-Einheitsvektoren:

$$|e_{y\,min}| = 0{,}89833$$

$$|e_{x\,max}| = 0{,}43932$$

$$\text{zugehörig } \psi = 1{,}76214 \mathrel{\hat{=}} 100{,}96^\circ$$

$$|e_{y\,max}| = 0{,}93113$$

$$|e_{x\,min}| = 0{,}36469$$

$$\text{zugehörig } \psi = 1{,}45760 \mathrel{\hat{=}} 83{,}51^\circ$$

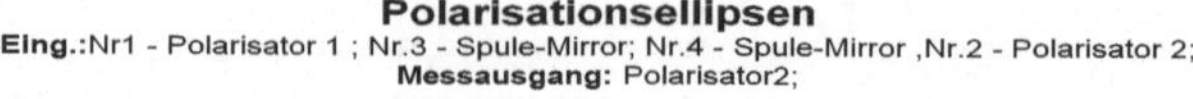

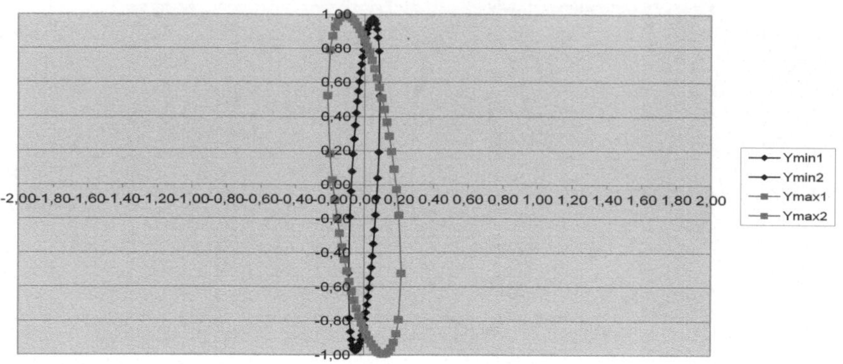

Abb. 3.25 Polarisationsellipsen am Ausgang des Polarisators 2

Betrag der Polarisationsvariablen:

$$\underline{\underline{|\chi_{min}|}} = \frac{|e_{y\,min}|}{|e_{x\,max}|} = \frac{0{,}89833}{0{,}93113} = \underline{\underline{0{,}96477}}$$

$$\underline{\underline{|\chi_{max}|}} = \frac{|e_{y\,max}|}{|e_{x\,min}|} = \frac{0{,}93113}{0{,}36469} = \underline{\underline{2{,}55321}}$$

Zusammenfassend kann festgestellt werden, dass an den Koppler-Ausgängen Polarisationen großer Elliptizität, bedingt durch die Doppelbrechung, auftreten. Reale optische Koppler sind also immer nichtpolarisationserhaltend.

3.5 Polarisations-Eigenschaften am zweiten Polarisator

Der zweite Polarisator macht die große Elliptizität der Polarisation am Koppler-Ausgang 2 zum überwiegenden Teil wieder rückgängig. Sehen Sie dazu Abb. 3.25.

Messung 7:
Polarisations-Einheitsvektoren:

$$\left|e_{y\,min}\right| = 0{,}97670$$

$$\left|e_{x\,max}\right| = 0{,}21459$$

$$\text{zugehörig } \psi = 2{,}12128 \mathrel{\hat{=}} 121{,}54^{\circ}$$

$$\left|e_{y\,max}\right| = 0{,}99607$$

$$\left|e_{x\,min}\right| = 0{,}08860$$

$$\text{zugehörig } \psi = 1{,}00763 \mathrel{\hat{=}} 57{,}73317^{\circ}$$

Betrag der Polarisationsvariablen:

$$\underline{\underline{\left|\chi_{min}\right|}} = \frac{\left|e_{y\,min}\right|}{\left|e_{x\,max}\right|} = \frac{0{,}97670}{0{,}21459} = \underline{\underline{4{,}55147}}$$

$$\underline{\underline{\left|\chi_{max}\right|}} = \frac{\left|e_{y\,max}\right|}{\left|e_{x\,min}\right|} = \frac{0{,}99607}{0{,}08860} = \underline{\underline{11{,}24232}}$$

4 Elimination der Doppelbrechung

In diesem Kapitel zeigen wir, wie die störende Doppelbrechung eines optischen Kopplers durch Beschaltung seiner Tore mit ebenfalls doppelbrechenden Lichtwellenleitern (LWL) vollständig oder in manchen Fällen teilweise eliminiert werden kann. Hierzu wird die Kenntnis der zugehörigen Jones-Matrizen des Kopplers und der LWL vorausgesetzt.

4.1 Optischer Koppler

4.1.1 Koppler mit einheitlichem Doppelbrechungsparameter

Für einen doppelbrechenden Koppler mit einheitlichem Doppelbrechungsparameter δ ergeben sich die folgenden Zusammenhänge. Dazu befindet sich eine schematische Darstellung des benötigten optischen Kopplers in Abb. 4.1.

Streumatrix-Beschreibung:

$$\begin{pmatrix} \vec{D}_{1out} \\ \vec{D}_{2out} \\ \vec{D}_{3out} \\ \vec{D}_{4out} \end{pmatrix} = \begin{pmatrix} \underline{0} & \underline{0} & \underline{J}_{13} & \underline{J}_{14} \\ \underline{0} & \underline{0} & \underline{J}_{23} & \underline{J}_{24} \\ \underline{J}'_{13} & \underline{J}'_{23} & \underline{0} & \underline{0} \\ \underline{J}'_{14} & \underline{J}'_{24} & \underline{0} & \underline{0} \end{pmatrix} \begin{pmatrix} \vec{D}_{1in} \\ \vec{D}_{2in} \\ \vec{D}_{3in} \\ \vec{D}_{4in} \end{pmatrix} \tag{4.1}$$

R. Thiele, *Test eines Faraday-Effekt-Stromsensors,* essentials,
DOI 10.1007/978-3-658-10096-4_4

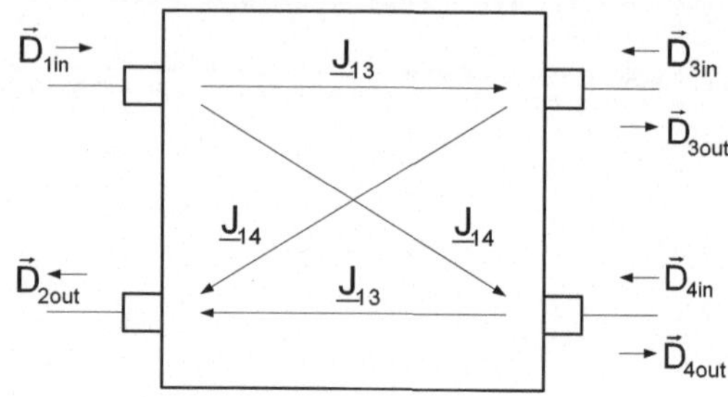

Abb. 4.1 Optischer Koppler mit relevanten Transmissionen

Jones-Matrizen:

$$\left.\begin{aligned} \underline{J}_{13} = \underline{J}'_{13} = \underline{J}_{24} = \underline{J}'_{24} = \frac{1}{\sqrt{2}} \begin{pmatrix} e^{j\frac{\delta}{2}} & 0 \\ 0 & e^{-j\frac{\delta}{2}} \end{pmatrix} \\ \underline{J}_{14} = \underline{J}'_{14} = \underline{J}_{23} = \underline{J}'_{23} = j\frac{1}{\sqrt{2}} \begin{pmatrix} e^{j\frac{\delta}{2}} & 0 \\ 0 & e^{-j\frac{\delta}{2}} \end{pmatrix} \end{aligned}\right\} \tag{4.2}$$

$$\vec{D}_{2in} = \vec{0}; \vec{D}_{1out} \text{ irrelevant}$$

Es verbleibt:

$$\begin{pmatrix} \vec{D}_{2out} \\ \vec{D}_{3out} \\ \vec{D}_{4out} \end{pmatrix} = \begin{pmatrix} \underline{0} & \underline{J}_{14} & \underline{J}_{13} \\ \underline{J}_{13} & \underline{0} & \underline{0} \\ \underline{J}_{14} & \underline{0} & \underline{0} \end{pmatrix} \begin{pmatrix} \vec{D}_{1in} \\ \vec{D}_{3in} \\ \vec{D}_{4in} \end{pmatrix} \tag{4.3}$$

Aus (4.2) folgt mit (4.3) bei Zusammenschaltung der LWL mit dem optischen Koppler folgende Kompensation von δ:

$$\vec{D}_{2out} = j\frac{1}{\sqrt{2}} \begin{pmatrix} e^{j\frac{\delta}{2}} & 0 \\ 0 & e^{-j\frac{\delta}{2}} \end{pmatrix} \vec{D}_{3in} + \frac{1}{\sqrt{2}} \begin{pmatrix} e^{j\frac{\delta}{2}} & 0 \\ 0 & e^{-j\frac{\delta}{2}} \end{pmatrix} \vec{D}_{4in} \tag{4.4}$$

$$\vec{D}_{2out} = \frac{1}{\sqrt{2}} \begin{pmatrix} e^{j\frac{\delta}{2}} & 0 \\ 0 & e^{-j\frac{\delta}{2}} \end{pmatrix} \left[\vec{D}_{4in} + j\vec{D}_{3in}\right] \tag{4.5}$$

$$\vec{D}_{3out}=\frac{1}{\sqrt{2}}\begin{pmatrix} e^{j\frac{\delta}{2}} & 0 \\ 0 & e^{-j\frac{\delta}{2}} \end{pmatrix}\vec{D}_{1in} \tag{4.6}$$

$$\vec{D}_{4out}=j\frac{1}{\sqrt{2}}\begin{pmatrix} e^{j\frac{\delta}{2}} & 0 \\ 0 & e^{-j\frac{\delta}{2}} \end{pmatrix}\vec{D}_{1in} \tag{4.7}$$

$$\tilde{\vec{D}}_{3out}=\underbrace{\begin{pmatrix} 0 & 1 \\ -1 & 0 \end{pmatrix}}_{\substack{-90^\circ\text{ gedrehte}\\ \text{Kupplung}}}\underbrace{\begin{pmatrix} e^{j\frac{\delta}{2}} & 0 \\ 0 & e^{-j\frac{\delta}{2}} \end{pmatrix}}_{\substack{\text{Verbindungs-}\\ \text{LWL}}}\underbrace{\begin{pmatrix} 0 & -1 \\ 1 & 0 \end{pmatrix}}_{\substack{+90^\circ\text{ gedrehte}\\ \text{Kupplung}}}\underbrace{\frac{1}{\sqrt{2}}\begin{pmatrix} e^{j\frac{\delta}{2}} & 0 \\ 0 & e^{-j\frac{\delta}{2}} \end{pmatrix}}_{=\underline{J}_{13}}\vec{D}_{1in} \tag{4.8}$$

$$\underline{\underline{\tilde{\vec{D}}_{3out}}}=\frac{1}{\sqrt{2}}\begin{pmatrix} 1 & 0 \\ 0 & 1 \end{pmatrix}\vec{D}_{1in}=\underline{\underline{\frac{1}{\sqrt{2}}\vec{D}_{1in}}} \tag{4.9}$$

$$\tilde{\vec{D}}_{4out}=\underbrace{\begin{pmatrix} 0 & 1 \\ -1 & 0 \end{pmatrix}}_{\substack{-90^\circ\text{ gedrehte}\\ \text{Kupplung}}}\underbrace{\begin{pmatrix} e^{j\frac{\delta}{2}} & 0 \\ 0 & e^{-j\frac{\delta}{2}} \end{pmatrix}}_{\substack{\text{Verbindungs-}\\ \text{LWL}}}\underbrace{\begin{pmatrix} 0 & -1 \\ 1 & 0 \end{pmatrix}}_{\substack{+90^\circ\text{ gedrehte}\\ \text{Kupplung}}}\underbrace{j\frac{1}{\sqrt{2}}\begin{pmatrix} e^{j\frac{\delta}{2}} & 0 \\ 0 & e^{-j\frac{\delta}{2}} \end{pmatrix}}_{=\underline{J}_{14}}\vec{D}_{1in} \tag{4.10}$$

$$\underline{\underline{\tilde{\vec{D}}_{4out}}}=j\frac{1}{\sqrt{2}}\begin{pmatrix} 1 & 0 \\ 0 & 1 \end{pmatrix}\vec{D}_{1in}=\underline{\underline{j\frac{1}{\sqrt{2}}\vec{D}_{1in}}} \tag{4.11}$$

$$\tilde{\vec{D}}_{3in}=\underbrace{\begin{pmatrix} 0 & -1 \\ 1 & 0 \end{pmatrix}}_{\substack{+90^\circ\text{ Faraday-}\\ \text{Rotator-Mirror}}}\tilde{\vec{D}}_{3out}=\frac{1}{\sqrt{2}}\begin{pmatrix} 0 & -1 \\ 1 & 0 \end{pmatrix}\vec{D}_{1in} \tag{4.12}$$

$$\vec{D}_{3in}=\frac{1}{\sqrt{2}}\begin{pmatrix} 0 & 1 \\ -1 & 0 \end{pmatrix}\begin{pmatrix} e^{-j\frac{\delta}{2}} & 0 \\ 0 & e^{j\frac{\delta}{2}} \end{pmatrix}\begin{pmatrix} 0 & -1 \\ 1 & 0 \end{pmatrix}\begin{pmatrix} 0 & -1 \\ 1 & 0 \end{pmatrix}\vec{D}_{1in} \tag{4.13}$$

$$\vec{D}_{3in}=\frac{1}{\sqrt{2}}\begin{pmatrix} 0 & e^{j\frac{\delta}{2}} \\ -e^{-j\frac{\delta}{2}} & 0 \end{pmatrix}\begin{pmatrix} -1 & 0 \\ 0 & -1 \end{pmatrix}\vec{D}_{1in} \tag{4.14}$$

$$\underline{\underline{\vec{D}_{3in}=\frac{1}{\sqrt{2}}\begin{pmatrix} 0 & -e^{j\frac{\delta}{2}} \\ e^{-j\frac{\delta}{2}} & 0 \end{pmatrix}\vec{D}_{1in}}} \tag{4.15}$$

$$\underline{\underline{\vec{D}_{4in}=j\frac{1}{\sqrt{2}}\begin{pmatrix} 0 & -e^{j\frac{\delta}{2}} \\ e^{-j\frac{\delta}{2}} & 0 \end{pmatrix}\vec{D}_{1in}}} \tag{4.16}$$

$$\vec{D}_{2out}=j\frac{1}{2}\begin{pmatrix} e^{j\frac{\delta}{2}} & 0 \\ 0 & e^{-j\frac{\delta}{2}} \end{pmatrix}\begin{pmatrix} 0 & -e^{j\frac{\delta}{2}} \\ e^{-j\frac{\delta}{2}} & 0 \end{pmatrix}2\vec{D}_{1in} \tag{4.17}$$

$$\underline{\underline{\vec{D}_{2out}=j\begin{pmatrix} 0 & -e^{j\delta} \\ e^{-j\delta} & 0 \end{pmatrix}\vec{D}_{1in}}} \tag{4.18}$$

$$\tilde{\vec{D}}_{2out}=j\underbrace{\begin{pmatrix} e^{j\delta} & 0 \\ 0 & e^{-j\delta} \end{pmatrix}}_{\substack{\text{Verbindungs-LWL} \\ \text{doppelterLänge}}}\underbrace{\begin{pmatrix} 0 & 1 \\ -1 & 0 \end{pmatrix}}_{\substack{-90^{\circ}\,\text{gedrehte} \\ \text{Kupplung}}}\begin{pmatrix} 0 & -e^{j\delta} \\ e^{-j\delta} & 0 \end{pmatrix}\vec{D}_{1in} \tag{4.19}$$

$$\tilde{\vec{D}}_{2out}=j\underbrace{\begin{pmatrix} e^{j\delta} & 0 \\ 0 & e^{-j\delta} \end{pmatrix}\begin{pmatrix} e^{-j\delta} & 0 \\ 0 & e^{j\delta} \end{pmatrix}}_{=\begin{pmatrix} 1 & 0 \\ 0 & 1 \end{pmatrix}}\vec{D}_{1in} \tag{4.20}$$

$$\underline{\underline{\tilde{\vec{D}}_{2out}=j\vec{D}_{1in}}} \tag{4.21}$$

$$\underline{\underline{i_{ph}}}\sim\tilde{\vec{D}}^{T*}_{2out}\tilde{\vec{D}}_{2out}=\underline{\underline{\left|\vec{D}_{1in}\right|^2}} \tag{4.22}$$

Wie (4.22) zeigt, ist der Doppelbrechungsparameter δ im Photostrom i_{ph} nicht enthalten. Er wurde durch unsere Methode eliminiert.

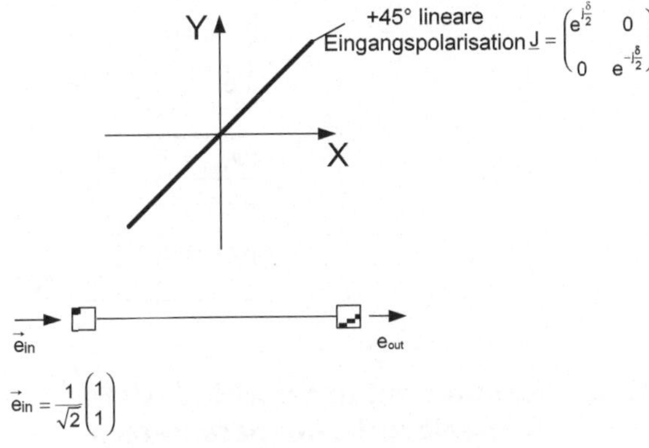

Abb. 4.2 Messbedingungen und Konfiguration zur Bestimmung von δ

4.1.2 Messung des Doppelbrechungsparameters

Ausgehend von Abb. 4.2 ergibt sich folgendes einfaches Verfahren zur mess-technischen Bestimmung des Doppelbrechungsparameters δ für eine optische Komponente mit der angegebenen Jones-Matrix.

Die Ermittlung des Doppelbrechungsparameters δ erfolgt über die Messung der Stokes-Parameter, die Berechnung des Polarisationseinheitsvektors $\vec{e}_{out}$ und schließlich durch Applikation des Zusammenhangs

$$\boxed{\psi = \delta} \tag{4.23}$$

Beweis:

$$\begin{aligned}
\vec{e}_{out} &= \underline{J}\vec{e}_{in} \\
&= \begin{pmatrix} e^{j\frac{\delta}{2}} & 0 \\ 0 & e^{-j\frac{\delta}{2}} \end{pmatrix} \frac{1}{\sqrt{2}} \begin{pmatrix} 1 \\ 1 \end{pmatrix} \\
&= \frac{1}{\sqrt{2}} \begin{pmatrix} e^{j\frac{\delta}{2}} \\ e^{-j\frac{\delta}{2}} \end{pmatrix} = \begin{pmatrix} |e_{out_x}| e^{-j\psi x_{out}} \\ |e_{out_y}| e^{-j\psi y_{out}} \end{pmatrix} \\
&= \frac{1}{\sqrt{2}} e^{j\frac{\delta}{2}} \begin{pmatrix} 1 \\ e^{-j\delta} \end{pmatrix} = \frac{1}{\sqrt{2}} e^{-j\psi_x} \begin{pmatrix} 1 \\ e^{-j(\psi y_{out} - \psi x_{out})} \end{pmatrix}
\end{aligned}$$

$$\rightarrow \boxed{\begin{pmatrix} 1 \\ e^{-j\delta} \end{pmatrix} = \begin{pmatrix} 1 \\ e^{-j\psi_{out}} \end{pmatrix}} \tag{4.24}$$

$$\rightarrow \boxed{\psi_{out} = \delta = \psi} \tag{4.25}$$

$$\rightarrow \boxed{\psi = \arccos\left[\frac{s_2}{\sqrt{1-s_1}}\right] = \delta} \tag{4.26}$$

4.1.3 Koppler mit unterschiedlichen Doppelbrechungsparametern

Die Herleitung der Zusammenhänge erfolgt analog Abschn. 4.1.1.

$$\begin{pmatrix} \vec{D}_{2out} \\ \vec{D}_{3out} \\ \vec{D}_{4out} \end{pmatrix} = \begin{pmatrix} \underline{0} & \underline{J}_{14} & \underline{J}_{13} \\ \underline{J}_{13} & \underline{0} & \underline{0} \\ \underline{J}_{14} & \underline{0} & \underline{0} \end{pmatrix} \begin{pmatrix} \vec{D}_{1in} \\ \vec{D}_{3in} \\ \vec{D}_{4in} \end{pmatrix} \tag{4.27}$$

mit:

$$\underline{J}_{13} = \frac{1}{\sqrt{2}} \begin{pmatrix} e^{j\frac{\delta_{13}}{2}} & 0 \\ 0 & e^{-j\frac{\delta_{13}}{2}} \end{pmatrix} \text{und}\, \underline{J}_{14} = j\frac{1}{\sqrt{2}} \begin{pmatrix} e^{j\frac{\delta_{14}}{2}} & 0 \\ 0 & e^{-j\frac{\delta_{14}}{2}} \end{pmatrix} \tag{4.28}$$

$$\vec{D}_{2out} = j\frac{1}{\sqrt{2}} \begin{pmatrix} e^{j\frac{\delta_{14}}{2}} & 0 \\ 0 & e^{-j\frac{\delta_{14}}{2}} \end{pmatrix} \vec{D}_{3in} + \frac{1}{\sqrt{2}} \begin{pmatrix} e^{j\frac{\delta_{13}}{2}} & 0 \\ 0 & e^{-j\frac{\delta_{13}}{2}} \end{pmatrix} \vec{D}_{4in} \tag{4.29}$$

$$\vec{D}_{3out} = \frac{1}{\sqrt{2}} \begin{pmatrix} e^{j\frac{\delta_{13}}{2}} & 0 \\ 0 & e^{-j\frac{\delta_{13}}{2}} \end{pmatrix} \vec{D}_{1in} \tag{4.30}$$

$$\vec{D}_{4out} = j\frac{1}{\sqrt{2}} \begin{pmatrix} e^{j\frac{\delta_{14}}{2}} & 0 \\ 0 & e^{-j\frac{\delta_{14}}{2}} \end{pmatrix} \vec{D}_{1in} \tag{4.31}$$

$$\tilde{\vec{D}}_{3out}=\frac{1}{\sqrt{2}}\begin{pmatrix}0 & 1\\ -1 & 0\end{pmatrix}\begin{pmatrix}e^{j\frac{\delta_{13}}{2}} & 0\\ 0 & e^{-j\frac{\delta_{13}}{2}}\end{pmatrix}\begin{pmatrix}0 & -1\\ 1 & 0\end{pmatrix}\begin{pmatrix}e^{j\frac{\delta_{13}}{2}} & 0\\ 0 & e^{-j\frac{\delta_{13}}{2}}\end{pmatrix}\vec{D}_{1in} \tag{4.32}$$

$$\underline{\underline{\tilde{\vec{D}}_{3out}}}=\frac{1}{\sqrt{2}}\begin{pmatrix}1 & 0\\ 0 & 1\end{pmatrix}\vec{D}_{1in}=\underline{\underline{\frac{1}{\sqrt{2}}\vec{D}_{1in}}} \tag{4.33}$$

$$\tilde{\vec{D}}_{4out}=j\frac{1}{\sqrt{2}}\begin{pmatrix}0 & 1\\ -1 & 0\end{pmatrix}\begin{pmatrix}e^{j\frac{\delta_{14}}{2}} & 0\\ 0 & e^{-j\frac{\delta_{14}}{2}}\end{pmatrix}\begin{pmatrix}0 & -1\\ 1 & 0\end{pmatrix}\begin{pmatrix}e^{j\frac{\delta_{14}}{2}} & 0\\ 0 & e^{-j\frac{\delta_{14}}{2}}\end{pmatrix}\vec{D}_{1in} \tag{4.34}$$

$$\underline{\underline{\tilde{\vec{D}}_{4out}}}=j\frac{1}{\sqrt{2}}\begin{pmatrix}1 & 0\\ 0 & 1\end{pmatrix}\vec{D}_{1in}=\underline{\underline{j\frac{1}{\sqrt{2}}\vec{D}_{1in}}} \tag{4.35}$$

$$\tilde{\vec{D}}_{3in}=\begin{pmatrix}0 & -1\\ 1 & 0\end{pmatrix}\tilde{\vec{D}}_{3out}=\frac{1}{\sqrt{2}}\begin{pmatrix}0 & -1\\ 1 & 0\end{pmatrix}\vec{D}_{1in} \tag{4.36}$$

$$\vec{D}_{3in}=\frac{1}{\sqrt{2}}\begin{pmatrix}0 & 1\\ -1 & 0\end{pmatrix}\begin{pmatrix}e^{-j\frac{\delta_{13}}{2}} & 0\\ 0 & e^{j\frac{\delta_{13}}{2}}\end{pmatrix}\begin{pmatrix}0 & -1\\ 1 & 0\end{pmatrix}^2\vec{D}_{1in} \tag{4.37}$$

$$\vec{D}_{3in}=\frac{1}{\sqrt{2}}\begin{pmatrix}0 & e^{j\frac{\delta_{13}}{2}}\\ -e^{-j\frac{\delta_{13}}{2}} & 0\end{pmatrix}\begin{pmatrix}-1 & 0\\ 0 & -1\end{pmatrix}\vec{D}_{1in} \tag{4.38}$$

$$\underline{\underline{\vec{D}_{3in}=\frac{1}{\sqrt{2}}\begin{pmatrix}0 & -e^{j\frac{\delta_{13}}{2}}\\ e^{-j\frac{\delta_{13}}{2}} & 0\end{pmatrix}\vec{D}_{1in}}} \tag{4.39}$$

$$\underline{\underline{\vec{D}_{4in}=j\frac{1}{\sqrt{2}}\begin{pmatrix}0 & -e^{j\frac{\delta_{14}}{2}}\\ e^{-j\frac{\delta_{14}}{2}} & 0\end{pmatrix}\vec{D}_{1in}}} \tag{4.40}$$

$$\underline{\underline{\vec{D}_{2out} = j\frac{1}{2}\left[\begin{pmatrix} e^{j\frac{\delta_{14}}{2}} & 0 \\ 0 & e^{-j\frac{\delta_{14}}{2}} \end{pmatrix}\begin{pmatrix} 0 & -e^{j\frac{\delta_{13}}{2}} \\ e^{-j\frac{\delta_{13}}{2}} & 0 \end{pmatrix} + \begin{pmatrix} e^{j\frac{\delta_{13}}{2}} & 0 \\ 0 & e^{-j\frac{\delta_{13}}{2}} \end{pmatrix}\begin{pmatrix} 0 & -e^{j\frac{\delta_{14}}{2}} \\ e^{-j\frac{\delta_{14}}{2}} & 0 \end{pmatrix}\right]\vec{D}_{1in}}} \tag{4.41}$$

$$\vec{D}_{2out} = j\frac{1}{2}\left[\begin{pmatrix} 0 & -e^{j\frac{\delta_{13}+\delta_{14}}{2}} \\ e^{-j\frac{\delta_{13}+\delta_{14}}{2}} & 0 \end{pmatrix} + \begin{pmatrix} 0 & -e^{j\frac{\delta_{13}+\delta_{14}}{2}} \\ e^{-j\frac{\delta_{13}+\delta_{14}}{2}} & 0 \end{pmatrix}\right]\vec{D}_{1in} \tag{4.42}$$

$$\underline{\underline{\vec{D}_{2out} = j\begin{pmatrix} 0 & -e^{j\frac{\delta_{13}+\delta_{14}}{2}} \\ e^{-j\frac{\delta_{13}+\delta_{14}}{2}} & 0 \end{pmatrix}\vec{D}_{1in}}} \tag{4.43}$$

$$\vec{D}_{2out} = j\begin{pmatrix} e^{j\frac{\delta_{13}+\delta_{14}}{2}} & 0 \\ 0 & e^{-j\frac{\delta_{13}+\delta_{14}}{2}} \end{pmatrix}\begin{pmatrix} 0 & 1 \\ -1 & 0 \end{pmatrix}\begin{pmatrix} 0 & -e^{j\frac{\delta_{13}+\delta_{14}}{2}} \\ e^{-j\frac{\delta_{13}+\delta_{14}}{2}} & 0 \end{pmatrix}\vec{D}_{1in} \tag{4.44}$$

$$\underline{\underline{\vec{D}_{2out}}} = j\begin{pmatrix} 1 & 0 \\ 0 & 1 \end{pmatrix}\vec{D}_{1in} = \underline{\underline{j\vec{D}_{1in}}} \tag{4.45}$$

Wir erhalten das gleiche Ergebnis wie in (4.21).

4.2 Koppler und Lichtwellenleiter mit unterschiedlicher Doppelbrechung

Falls alle Doppelbrechungsparameter unterschiedlich sind, dann gilt

$$\begin{pmatrix} \vec{D}_{2out} \\ \vec{D}_{3out} \\ \vec{D}_{4out} \end{pmatrix} = \begin{pmatrix} \underline{0} & \underline{J}_{14} & \underline{J}_{13} \\ \underline{J}_{13} & \underline{0} & \underline{0} \\ \underline{J}_{14} & \underline{0} & \underline{0} \end{pmatrix}\begin{pmatrix} \vec{D}_{1in} \\ \vec{D}_{3in} \\ \vec{D}_{4in} \end{pmatrix} \tag{4.46}$$

mit:

$$\underline{J}_{13} = \frac{1}{\sqrt{2}} \begin{pmatrix} e^{j\frac{\delta_{13}}{2}} & 0 \\ 0 & e^{-j\frac{\delta_{13}}{2}} \end{pmatrix} \text{und}\, \underline{J}_{14} = j\frac{1}{\sqrt{2}} \begin{pmatrix} e^{j\frac{\delta_{14}}{2}} & 0 \\ 0 & e^{-j\frac{\delta_{14}}{2}} \end{pmatrix} \tag{4.47}$$

$$\vec{D}_{2out} = j\frac{1}{\sqrt{2}} \begin{pmatrix} e^{j\frac{\delta_{14}}{2}} & 0 \\ 0 & e^{-j\frac{\delta_{14}}{2}} \end{pmatrix} \vec{D}_{3in} + \frac{1}{\sqrt{2}} \begin{pmatrix} e^{j\frac{\delta_{13}}{2}} & 0 \\ 0 & e^{-j\frac{\delta_{13}}{2}} \end{pmatrix} \vec{D}_{4in} \tag{4.48}$$

$$\vec{D}_{3out} = \frac{1}{\sqrt{2}} \begin{pmatrix} e^{j\frac{\delta_{13}}{2}} & 0 \\ 0 & e^{-j\frac{\delta_{13}}{2}} \end{pmatrix} \vec{D}_{1in} \tag{4.49}$$

$$\vec{D}_{4out} = j\frac{1}{\sqrt{2}} \begin{pmatrix} e^{j\frac{\delta_{14}}{2}} & 0 \\ 0 & e^{-j\frac{\delta_{14}}{2}} \end{pmatrix} \vec{D}_{1in} \tag{4.50}$$

$$\tilde{\vec{D}}_{3out} = \frac{1}{\sqrt{2}} \begin{pmatrix} 0 & 1 \\ -1 & 0 \end{pmatrix} \begin{pmatrix} e^{j\frac{\delta_{13}}{2}} & 0 \\ 0 & e^{-j\frac{\delta_{13}}{2}} \end{pmatrix} \begin{pmatrix} 0 & -1 \\ 1 & 0 \end{pmatrix} \begin{pmatrix} e^{j\frac{\delta_{13}}{2}} & 0 \\ 0 & e^{-j\frac{\delta_{13}}{2}} \end{pmatrix} \vec{D}_{1in} \tag{4.51}$$

$$\tilde{\vec{D}}_{3out} = \frac{1}{\sqrt{2}} \begin{pmatrix} 0 & e^{-j\frac{\delta_{13}}{2}} \\ -e^{j\frac{\delta_{13}}{2}} & 0 \end{pmatrix} \begin{pmatrix} 0 & -e^{-j\frac{\delta_{13}}{2}} \\ e^{j\frac{\delta_{13}}{2}} & 0 \end{pmatrix} \vec{D}_{1in} \tag{4.52}$$

$$\underline{\underline{\tilde{\vec{D}}_{3out} = \frac{1}{\sqrt{2}} \begin{pmatrix} e^{j\frac{\delta_{13}-\delta_{13}}{2}} & 0 \\ 0 & e^{-j\frac{\delta_{13}-\delta_{13}}{2}} \end{pmatrix} \vec{D}_{1in}}} \tag{4.53}$$

Teilkompensation:

$$\vec{\tilde{\tilde{D}}}_{3out}=\frac{1}{\sqrt{2}}\begin{pmatrix} e^{j\frac{\delta_{13}-\tilde{\delta}_{13}}{2}} & 0 \\ 0 & e^{-j\frac{\delta_{13}-\tilde{\delta}_{13}}{2}} \end{pmatrix}\vec{D}_{1in} \tag{4.54}$$

$$\vec{\tilde{\tilde{D}}}_{4out}=j\frac{1}{\sqrt{2}}\begin{pmatrix} e^{j\frac{\delta_{14}-\tilde{\delta}_{14}}{2}} & 0 \\ 0 & e^{-j\frac{\delta_{14}-\tilde{\delta}_{14}}{2}} \end{pmatrix}\vec{D}_{1in} \tag{4.55}$$

$$\vec{\tilde{\tilde{D}}}_{3in}=\begin{pmatrix} 0 & -1 \\ 1 & 0 \end{pmatrix}\vec{\tilde{\tilde{D}}}_{3out}=\frac{1}{\sqrt{2}}\begin{pmatrix} 0 & -1 \\ 1 & 0 \end{pmatrix}\begin{pmatrix} e^{j\frac{\delta_{13}-\tilde{\delta}_{13}}{2}} & 0 \\ 0 & e^{-j\frac{\delta_{13}-\tilde{\delta}_{13}}{2}} \end{pmatrix}\vec{D}_{1in} \tag{4.56}$$

$$\vec{\tilde{\tilde{D}}}_{3in}=\frac{1}{\sqrt{2}}\begin{pmatrix} 0 & -e^{-j\frac{\delta_{13}-\tilde{\delta}_{13}}{2}} \\ e^{j\frac{\delta_{13}-\tilde{\delta}_{13}}{2}} & 0 \end{pmatrix}\vec{D}_{1in} \tag{4.57}$$

$$\vec{D}_{3in}=\frac{1}{\sqrt{2}}\begin{pmatrix} 0 & 1 \\ -1 & 0 \end{pmatrix}\begin{pmatrix} e^{-j\frac{\tilde{\delta}_{13}}{2}} & 0 \\ 0 & e^{j\frac{\tilde{\delta}_{13}}{2}} \end{pmatrix}\begin{pmatrix} 0 & -1 \\ 1 & 0 \end{pmatrix}\begin{pmatrix} 0 & -e^{-j\frac{\delta_{13}-\tilde{\delta}_{13}}{2}} \\ e^{j\frac{\delta_{13}-\tilde{\delta}_{13}}{2}} & 0 \end{pmatrix}\vec{D}_{1in} \tag{4.58}$$

$$\vec{D}_{3in}=\frac{1}{\sqrt{2}}\begin{pmatrix} 0 & e^{j\frac{\tilde{\delta}_{13}}{2}} \\ -e^{-j\frac{\tilde{\delta}_{13}}{2}} & 0 \end{pmatrix}\begin{pmatrix} -e^{j\frac{\delta_{13}-\tilde{\delta}_{13}}{2}} & 0 \\ 0 & -e^{-j\frac{\delta_{13}-\tilde{\delta}_{13}}{2}} \end{pmatrix}\vec{D}_{1in} \tag{4.59}$$

$$\underline{\underline{\vec{D}_{3in}=\frac{1}{\sqrt{2}}\begin{pmatrix} 0 & -e^{j\frac{2\tilde{\delta}_{13}-\delta_{13}}{2}} \\ e^{-j\frac{2\tilde{\delta}_{13}-\delta_{13}}{2}} & 0 \end{pmatrix}\vec{D}_{1in}}} \tag{4.60}$$

$$\underline{\underline{\vec{D}_{4in}=j\frac{1}{\sqrt{2}}\begin{pmatrix} 0 & -e^{j\frac{2\tilde{\delta}_{14}-\delta_{14}}{2}} \\ e^{-j\frac{2\tilde{\delta}_{14}-\delta_{14}}{2}} & 0 \end{pmatrix}\vec{D}_{1in}}} \tag{4.61}$$

$$\vec{D}_{2out}=j\frac{1}{2}\left[\begin{pmatrix} e^{j\frac{\delta_{14}}{2}} & 0 \\ 0 & e^{-j\frac{\delta_{14}}{2}} \end{pmatrix}\begin{pmatrix} 0 & -e^{j\frac{2\tilde{\delta}_{13}-\delta_{13}}{2}} \\ e^{-j\frac{2\tilde{\delta}_{13}-\delta_{13}}{2}} & 0 \end{pmatrix}+\begin{pmatrix} e^{j\frac{\delta_{13}}{2}} & 0 \\ 0 & e^{-j\frac{\delta_{13}}{2}} \end{pmatrix}\begin{pmatrix} 0 & -e^{j\frac{2\tilde{\delta}_{14}-\delta_{14}}{2}} \\ e^{-j\frac{2\tilde{\delta}_{14}-\delta_{14}}{2}} & 0 \end{pmatrix}\right]\vec{D}_{1in} \tag{4.62}$$

$$\vec{D}_{2out}=j\frac{1}{2}\left[\begin{pmatrix} 0 & -e^{j\frac{2\tilde{\delta}_{13}+\delta_{14}-\delta_{13}}{2}} \\ e^{-j\frac{2\tilde{\delta}_{13}+\delta_{14}-\delta_{13}}{2}} & 0 \end{pmatrix}+\begin{pmatrix} 0 & -e^{j\frac{2\tilde{\delta}_{14}+\delta_{13}-\delta_{14}}{2}} \\ e^{-j\frac{2\tilde{\delta}_{14}+\delta_{13}-\delta_{14}}{2}} & 0 \end{pmatrix}\right]\vec{D}_{1in} \tag{4.63}$$

$$\underline{\underline{\vec{D}_{2out}=j\frac{1}{2}\begin{pmatrix} 0 & -\left[e^{j\frac{2\tilde{\delta}_{13}+\delta_{14}-\delta_{13}}{2}}+e^{j\frac{2\tilde{\delta}_{14}+\delta_{13}-\delta_{14}}{2}}\right] \\ \left[e^{-j\frac{2\tilde{\delta}_{13}+\delta_{14}-\delta_{13}}{2}}+e^{-j\frac{2\tilde{\delta}_{14}+\delta_{13}-\delta_{14}}{2}}\right] & 0 \end{pmatrix}\vec{D}_{1in}}}} \tag{4.64}$$

$$\tilde{\vec{D}}_{2out}=j\frac{1}{2}\begin{pmatrix} e^{j\frac{\tilde{\delta}_{13}+\tilde{\delta}_{14}}{2}} & 0 \\ 0 & e^{-j\frac{\tilde{\delta}_{13}+\tilde{\delta}_{14}}{2}} \end{pmatrix}\begin{pmatrix} 0 & 1 \\ -1 & 0 \end{pmatrix}\cdot \begin{pmatrix} 0 & -\left[e^{j\frac{2\tilde{\delta}_{13}+\delta_{14}-\delta_{13}}{2}}+e^{j\frac{2\tilde{\delta}_{14}+\delta_{13}-\delta_{14}}{2}}\right] \\ \left[e^{-j\frac{2\tilde{\delta}_{13}+\delta_{14}-\delta_{13}}{2}}+e^{-j\frac{2\tilde{\delta}_{14}+\delta_{13}-\delta_{14}}{2}}\right] & 0 \end{pmatrix}\vec{D}_{1in} \tag{4.65}$$

$$\tilde{\vec{D}}_{2out}=j\frac{1}{2}\begin{pmatrix} e^{j\frac{\tilde{\delta}_{14}-\tilde{\delta}_{13}-\delta_{14}+\delta_{13}}{2}}+e^{-j\frac{\tilde{\delta}_{14}-\tilde{\delta}_{13}-\delta_{14}+\delta_{13}}{2}} & 0 \\ 0 & e^{j\frac{\tilde{\delta}_{14}-\tilde{\delta}_{13}-\delta_{14}+\delta_{13}}{2}}+e^{-j\frac{\tilde{\delta}_{14}-\tilde{\delta}_{13}-\delta_{14}+\delta_{13}}{2}} \end{pmatrix}\vec{D}_{1in} \tag{4.66}$$

$$\underline{\underline{\tilde{\vec{D}}_{2out}=j\cos\left[\frac{\tilde{\delta}_{14}-\tilde{\delta}_{13}-\delta_{14}+\delta_{13}}{2}\right]\begin{pmatrix} 1 & 0 \\ 0 & 1 \end{pmatrix}\vec{D}_{1in}}} \tag{4.67}$$

$$\boxed{\tilde{\vec{D}}_{2out}=j\cos\left[\frac{\tilde{\delta}_{14}-\tilde{\delta}_{13}-\delta_{14}+\delta_{13}}{2}\right]\vec{D}_{1in}} \quad \text{Teilkompensation} \tag{4.68}$$

Spezialfall 1: $\boxed{\tilde{\delta}_{13}=\delta_{13},\tilde{\delta}_{14}=\delta_{14}}$ (4.69)

$$\rightarrow \underline{\underline{\tilde{\vec{D}}_{2out}}}=j\underbrace{\cos(0)}_{=1}\vec{D}_{1in}\underline{\underline{=j\vec{D}_{1in}}}$$

$$\text{Spezialfall 2}: \quad \boxed{\tilde{\delta}_{13} = \tilde{\delta}_{14} = \delta_{13} = \delta_{14} = \delta} \tag{4.70}$$

$$\rightarrow \underline{\underline{\tilde{\tilde{\vec{D}}}_{2out}}} = j\underbrace{\cos(0)}_{=1}\vec{D}_{1in} = \underline{\underline{j\vec{D}_{1in}}}$$

Man erkennt, dass sich eine volle Kompensation der Doppelbrechungsparameter eines optischen Kopplers nur mit ausgewählten LWL nach (4.69) oder entsprechend (4.70) erreichen lässt.

Diese Erkenntnisse sind neu und wurden in früheren Veröffentlichungen nicht berücksichtigt. Der Ausgangspunkt war stets ein doppelbrechungsfreier Koppler.

5 Zusammenfassung

Ausgehend von einem Forschungsbericht aus dem Jahr 2012 wurde im Zusammenhang mit der Erfindungsmeldung

> Verfahren und Schaltungsanordnung eines faseroptischen Stromsensors zur Messung elektrischer Ströme mit automatischer Kompensation der Doppelbrechung und streng linearer Beziehung zwischen Messwerten und Messgröße

dieser reflektierende Faraday-Effekt-Stromsensor aufgebaut und messtechnisch näher untersucht.

Dazu erfolgte zunächst die Erarbeitung der messtechnischen Grundlagen, wie sie besonders für den optischen Teil des Sensors in Kap. 2 dargestellt sind.

Danach wurden die optischen Komponenten hinsichtlich ihrer Funktionalität, wie in Kap. 3 ausgeführt, messtechnisch untersucht.

Die in den Abbildungen des Kap. 3 gezeigten Polarisationsellipsen geben Auskunft darüber, dass es nur näherungsweise gelungen ist, optische Bauelemente zu finden, die eine lineare Eingangspolarisation in eine möglicherweise andere lineare Ausgangspolarisation transformieren.

Das wurde aber funktionsbestimmend in den Untersuchungen und Erläuterungen aus den Jahren 2012 und 2013 vorausgesetzt. Eine besonders kritische Komponente stellt diesbezüglich der verfügbare optische Koppler dar.

Als Ausblick auf weitere Arbeiten werden folgende Ideen angegeben:

R. Thiele, *Test eines Faraday-Effekt-Stromsensors,* essentials,
DOI 10.1007/978-3-658-10096-4_5

1. Elimination des Doppelbrechungsparameters (bestimmend für die Elliptizität der Polarisation) des verfügbaren optischen Kopplers durch Zusammenschaltung mit geeigneten LWL an seinen Toren (siehe Kap. 4),
2. Übergang von einer nichterzielbaren vollständig linearen Polarisation zur zirkularen Polarisation als anderer Extremfall der Polarisationsellipse,
3. Einsatz zirkularer Polarisatoren im untersuchten Stromsensor unter Beachtung der Tatsache, dass die Superposition entgegengesetzt zirkular polarisierter Wellen eine linear polarisierte Summenwelle ergibt.

Glücklicherweise leistet die Grundkonfiguration des faseroptischen Stromsensors, entsprechend der Erfindungsmeldung von 2012, zumindest theoretisch beide Betriebsarten, d. h. mit linearer Polarisation (praktisch nicht vollständig erreicht) oder mit zirkularer Polarisation (jetzt angestrebt). Die gezeigten Polarisationsellipsen sind näher am Kreis als an einer Gerade.

Außerdem existieren Ideen zur Vereinfachung (weniger Aufwand) der elektronischen Signalverarbeitungseinheit.

Was Sie aus diesem Essential mitnehmen können

- Einsichten in das Funktionsprinzip eines faseroptischen Stromsensors
- Basiswissen zur Polarisation von Licht
- Polarisations-Eigenschaften faseroptischer Stromsensoren
- Methoden zur Elimination der Doppelbrechung in optischen Komponenten

R. Thiele, *Test eines Faraday-Effekt-Stromsensors,* essentials,
DOI 10.1007/978-3-658-10096-4

Weiterführende Literatur

Thiele, R.: Systemtheoretische Grundlagen der Lichtwellenleitertechnik. Studienheft ITI 7. Private Fern-Fachhochschule Darmstadt (1997)

Thiele, R.: Systemtheoretische Grundlagen der Lichtwellenleitertechnik. Studienheft ITI 8. Private Fern-Fachhochschule Darmstadt (1998)

Thiele, R.: Optische Nachrichtensysteme und Sensornetzwerke. Ein systemtheoretischer Zugang. Vieweg, Braunschweig (2002)

Thiele, R.: Schaltungsanordnung zur Messung elektrischer Ströme in elektrischen Leitern mit Lichtwellenleitern. Deutsches Patent- und Markenamt, Nr. 102005003200 (19.04.2007)

Thiele, R.: Schaltungsanordnung zur Messung elektrischer Ströme in elektrischen Leitern mit Lichtwellenleitern. Deutsches Patent- und Markenamt, Nr. 102006002301 (15.11.2007)

Thiele, R.: Optische Netzwerke. Ein feldtheoretischer Zugang. Vieweg, Wiesbaden (2008)

Thiele, R.: Transmittierender Faraday-Effekt-Stromsensor. Springer, Wiesbaden (2015a)

Thiele, R.: Reflektierender Faraday-Effekt-Stromsensor. Springer, Wiesbaden (2015b)

Thiele, R.: Design eines Faraday-Effekt-Stromsensors. Springer, Wiesbaden (2015c)

Thiele, R., Benedix, W.S.: Schaltungsanordnung eines optischen Nachrichtensystems zur Übertragung der z-Komponente der elektrischen Verschiebungsflussdichte und deren Auswertung mit einem z-Komponenten-Analysator auf der Empfangsseite. Offenlegungsschrift, Deutsches Patent- und Markenamt, DE 10327881A12005.01.05

Thiele, R., Benedix, W.S., Nette, R.: Einrichtung und Verfahren zur Übertragung von Lichtsignalen in Lichtwellenleitern. Deutsches Patent- und Markenamt, Nr. 112004002889 (29.04.2010)

R. Thiele, *Test eines Faraday-Effekt-Stromsensors,* essentials,
DOI 10.1007/978-3-658-10096-4